工学结合·基于工作过程导向的项目化创新系列教材
国家示范性高等职业教育电子信息大类"十三五"规划教材

Photoshop
平面设计项目化教程

主　编　孙　颖　姜东洋　林植浩
副主编　肖　念　石　玮　张吉力
主　审　杨　烨

U0303327

华中科技大学出版社
http://www.hustp.com
中国·武汉

内容简介

本书选用 Photoshop CS6 版本编写,根据高职院校教师和学生的实际需求,以平面设计的典型应用为主线,通过多个精彩实用的案例,全面细致地讲解如何利用 Photoshop 完成专业的平面设计项目。

本书基于来自专业平面设计公司的商业案例,详细地讲解了运用 Photoshop 制作这些案例的流程和技法,并在此过程中融入了实践经验及相关知识。本书努力做到操作步骤清晰准确,在学生掌握软件功能和制作技巧的基础上,启发其设计灵感,开拓其设计思维,提高其设计能力。本书打破传统教材的体例框架,彻底采用项目引领任务驱动的讲解模式。

本书适合计算机应用、网页设计、电子商务、计算机美术设计、平面广告设计、包装艺术设计、印刷制版等领域的学习者与从业者使用,也可作为计算机美术爱好者和培训机构学员的参考书。

为了方便教学,本书还配有电子课件等教学资源包,任课教师和学生可以登录"我们爱读书"网(www.ibook4us.com)免费注册并浏览,或者发邮件至 hustpeiit@163.com 免费索取。

图书在版编目(CIP)数据

Photoshop 平面设计项目化教程/孙颖,姜东洋,林植浩主编.—武汉:华中科技大学出版社,2018.2
国家示范性高等职业教育电子信息大类"十三五"规划教材
ISBN 978-7-5680-2995-7

Ⅰ.①P… Ⅱ.①孙… ②姜… ③林… Ⅲ.①平面设计-图象处理软件-高等职业教育-教材 Ⅳ.①TP391.41

中国版本图书馆 CIP 数据核字(2017)第 125688 号

Photoshop 平面设计项目化教程   孙　颖　姜东洋　林植浩　主编
Photoshop Pingmian Sheji Xiangmuhua Jiaocheng

策划编辑:康　序
责任编辑:郑小羽
封面设计:孢　子
责任监印:朱　玢
出版发行:华中科技大学出版社(中国·武汉)　　电话:(027)81321913
　　　　　武汉市东湖新技术开发区华工科技园　　邮编:430223
录　排:武汉楚海文化传播有限公司
印　刷:武汉科源印刷设计有限公司
开　本:880mm×1230mm　1/16
印　张:9
字　数:284 千字
印　次:2018 年 2 月第 1 版第 1 次印刷
定　价:39.80 元

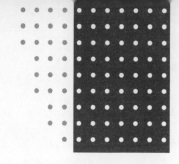

FOREWORD
前言

本书选用 Photoshop CS6 版本编写，根据高职院校教师和学生的实际需求，以平面设计的典型应用为主线，通过多个精彩实用的案例，全面细致地讲解如何利用 Photoshop 完成专业的平面设计项目。

本书基于来自专业平面设计公司的商业案例，详细地讲解了运用 Photoshop 制作这些案例的流程和技法，并在此过程中融入了实践经验及相关知识。本书努力做到操作步骤清晰准确，在学生掌握软件功能和制作技巧的基础上，启发其设计灵感，开拓其设计思维，提高其设计能力。本书打破传统教材的体例框架，彻底采用项目引领任务驱动的讲解模式。

本书由多年从事"平面设计"课程教学的优秀教师和经验丰富的企业设计人员共同编写，保证了教材内容和职业标准、岗位要求相衔接，充分体现了职业性。

本书编写得到了北京鼎云桥广告有限公司设计总监高大炜先生的大力支持，将商业案例做适当修改后用于本书编写，实践性更强，更符合行业特点。在此深表谢意！

针对性强：切合职业教育的培养目标，侧重技能传授，弱化理论，强化实践内容。

项目引领：精心选择适合教学的商业级典型产品、作品、服务等项目作为载体。

能力本位：培养专业能力、方法能力、社会能力三位一体的职业能力。

体例新颖：从人类常规的思维模式出发，对教材的内容编排进行了全新的尝试，打破了传统教材的编写框架；符合老师的教学要求，方便学生理解理论知识在实际中的运用。

内容立体：为了方便教学，本书配套了电子课件，以及课后大型仿真项目、作品评价方法及标准等。

本书适合计算机应用、网页设计、电子商务、计算机美术设计、平面广告设计、包装艺术设计、印刷制版等领域的学习者与从业者使用，也可作为计算机美术爱好者和培训机构学员的参考书。

本书由辽宁机电职业技术学院孙颖、姜东洋，广东省粤东高级技工学校林植浩担任主编；由武汉信息传播职业技术学院肖念、石玮，武汉城市职业学院张吉力担任副主编；由武汉软件工程职业学院杨烨担任主审。全书由孙颖审核并统稿。

为了方便教学，本书还配有电子课件等教学资源包，任课教师和学生可以登录"我们爱读书"网（www.ibook4us.com）免费注册并浏览，或者发邮件至 hustpeiit@163.com 免费索取。

由于时间仓促，加之水平有限，书中难免存在错误和不妥之处，敬请广大读者批评指正。

编者

2017 年 5 月

CONTENTS

目录

项目1　平面设计基础知识

1.1　平面设计概述 …………………………………… 2

1.1.1　平面设计的概念 ………………………… 2

1.1.2　平面设计的应用领域 …………………… 2

1.2　平面设计的基本要素 …………………………… 5

1.2.1　图形 ……………………………………… 5

1.2.2　文字 ……………………………………… 5

1.2.3　色彩 ……………………………………… 6

1.3　图像基本知识 …………………………………… 6

1.3.1　位图与矢量图 …………………………… 6

1.3.2　分辨率 …………………………………… 8

1.3.3　色彩模式 ………………………………… 9

1.4　文件格式 ………………………………………… 11

1.4.1　TIF 格式 ………………………………… 11

1.4.2　PSD 格式 ………………………………… 11

1.4.3　JPEG 格式 ……………………………… 11

1.5　页面设置 ………………………………………… 12

1.6　出血 ……………………………………………… 13

项目2　标志设计

2.1　标志设计要点 …………………………………… 15

2.2　绘制工商银行标志 ……………………………… 15

2.2.1　教学内容及目标 ………………………… 16

2.2.2　分解任务与知识点对应表 ……………… 16

2.2.3　操作步骤 ………………………………… 17

分解任务一：熟悉界面基本组成 ……………… 17

分解任务二：熟悉工作区 ……………………… 18

分解任务三：新建文件 ………………………… 19

分解任务四：保存文件 …………………………20

分解任务五：关闭文件 ……………………………………………… 22

分解任务六：打开文件 ……………………………………………… 22

分解任务七：视图的缩放 …………………………………………… 23

分解任务八：标尺、网格和辅助线的设置 ………………………… 24

分解任务九：颜色的编辑填充 ……………………………………… 25

分解任务十：认识图层 ……………………………………………… 26

分解任务十一：选区的建立 ………………………………………… 26

分解任务十二：ICBC 文字的处理 ………………………………… 28

2.3 绘制餐饮标志 ……………………………………………………… 30

    2.3.1 教学内容及目标 …………………………………………… 30

    2.3.2 分解任务与知识点对应表 ………………………………… 30

    2.3.3 操作步骤 …………………………………………………… 31

分解任务一：裁切图片 ……………………………………………… 31

分解任务二：抠图换背景色 ………………………………………… 31

分解任务三：位图处理矢量风格 …………………………………… 33

分解任务四：矢量风格图片的修整 ………………………………… 33

分解任务五：透视圆角矩形的绘制 ………………………………… 34

分解任务六：矢量风格人物与透视圆角矩形融合 ………………… 35

分解任务七：文字的变形 …………………………………………… 35

    2.3.4 钢笔工具使用方法总结 …………………………………… 36

2.4 标志设计资讯 ……………………………………………………… 37

    2.4.1 第一步：两组奇葩名词 …………………………………… 38

    2.4.2 第二步：三分钟烧脑创意 ………………………………… 39

    2.4.3 总结 ………………………………………………………… 41

2.5 自评互评表 ………………………………………………………… 42

项目 3 平面广告设计

3.1 平面广告的基本知识 ……………………………………………… 44

    3.1.1 平面广告的分类 …………………………………………… 44

    3.1.2 构图 ………………………………………………………… 44

3.2 平面广告的表现手段 ……………………………………………… 45

3.3 饮料广告 …………………………………………………………… 46

    3.3.1 教学内容及目标 …………………………………………… 46

    3.3.2 分解任务与知识点对应表 ………………………………… 46

    3.3.3 操作步骤 …………………………………………………… 47

分解任务一：背景图片的处理（一）……………………………… 47

分解任务二：背景图片的处理（二）……………………………48

分解任务三：添加饮料瓶 …………………………………………51

分解任务四：添加广告文字 ……………………………………52

3.4 化妆品平面广告 ……………………………………………………53

    3.4.1 教学内容及目标 ……………………………………………53

    3.4.2 分解任务与知识点对应表 ………………………………53

    3.4.3 操作步骤 ……………………………………………………53

分解任务一：产品修图 …………………………………………53

分解任务二：加背景 ……………………………………………55

分解任务三：加装饰，增强整体效果 ………………………56

3.5 平面广告资讯 ………………………………………………………57

3.6 自评互评表 …………………………………………………………58

项目4　海报设计

4.1 海报的表现方式 …………………………………………………60

4.2 海报的设计思路 …………………………………………………61

4.3 娉婷舞蹈工作室海报 ……………………………………………63

    4.3.1 教学内容及目标 ……………………………………………63

    4.3.2 分解任务与知识点对应表 ………………………………63

    4.3.3 操作步骤 ……………………………………………………64

分解任务一：发光线条 …………………………………………64

分解任务二：绘制羽毛 …………………………………………66

分解任务三：加入文字 …………………………………………67

4.4 产品海报 …………………………………………………………68

    4.4.1 教学内容及目标 ……………………………………………68

    4.4.2 分解任务与知识点对应表 ………………………………68

    4.4.3 操作步骤 ……………………………………………………69

分解任务一：初步去除瑕疵 …………………………………69

分解任务二：适当调亮画面 …………………………………70

分解任务三：为磨皮区域建立选区 …………………………70

分解任务四：使皮肤变白皙 …………………………………70

分解任务五：上妆 ………………………………………………72

分解任务六：梦幻效果 …………………………………………73

分解任务七：添加文字 …………………………………………73

4.5 系列环保能源海报 ………………………………………………74

    4.5.1 教学内容及目标 ……………………………………………75

4.5.2 分解任务与知识点对应表 1 ································ 75

4.5.3 操作步骤 ································ 75

分解任务一：查找图片资料 ································ 75

分解任务二：处理图片，调整图片的色调和光感 ··········· 76

分解任务三：图片融合 ································ 77

分解任务四：添加文字设计版面 ································ 79

4.5.4 分解任务与知识点对应表 2 ································ 80

4.5.5 操作步骤 ································ 80

分解任务一：查找图片资料 ································ 80

分解任务二：在原有文档的基础上进行修改 ··········· 80

分解任务三：修改文字 ································ 82

分解任务四：生成第二幅海报 ································ 83

4.5.6 设计资讯 ································ 83

4.6 电商海报 ································ 85

4.6.1 教学内容与目标 ································ 85

4.6.2 分解任务与知识点对应表 ································ 85

4.6.3 操作步骤 ································ 86

分解任务一：勾树干 ································ 86

分解任务二：填充素材 ································ 86

分解任务三：添加素材 ································ 87

分解任务四：背景加镜头光晕 ································ 87

4.6.4 设计资讯 ································ 88

4.7 自评互评表 ································ 92

项目 5　网页设计

5.1 网页效果图的设计思路 ································ 94

5.2 金属水晶效果按钮 ································ 94

5.2.1 教学内容及目标 ································ 95

5.2.2 分解任务与知识点对应表 ································ 95

5.2.3 项目实施 ································ 96

分解任务一：金属底盘 ································ 96

分解任务二：内圈胚胎 ································ 97

分解任务三：光效 ································ 98

5.3 金属外壳水晶图标 ································ 101

5.3.1 教学内容及目标 ································ 101

5.3.2 分解任务与知识点对应表 ································ 102

5.3.3　操作步骤 ……………………………………………… 102

分解任务一：金属外壳 ……………………………………… 102

分解任务二：水晶按钮主体 ………………………………… 103

分解任务三：水晶按钮环境光 ……………………………… 104

分解任务四：其他细节 ……………………………………… 105

5.4　自评互评表 ………………………………………………… 106

5.5　咖啡网页效果图 …………………………………………… 106

5.5.1　教学内容与目标 ……………………………………… 107

5.5.2　分解任务与知识点对应表 …………………………… 107

5.5.3　操作步骤 ……………………………………………… 107

分解任务一：构思网页版面 ………………………………… 107

分解任务二：素材的搜集 …………………………………… 111

分解任务三：制作网页效果图 ……………………………… 112

5.6　自评互评表 ………………………………………………… 116

参考课题列表 ……………………………………………………… 117

快捷方式查看表 …………………………………………………… 118

设计师必看的几个素材网站 ……………………………………… 122

项目 1

平面设计基础知识

PINGMIANSHEJI JICHUZHISHI

本章主要介绍平面设计的基础知识,其中包括基本概念、位图和矢量图、分辨率、图像的色彩模式和文件格式、工作流程、页面设置、图片大小、出血、文字转换、印前检查、小样等内容。通过本章的学习,可以快速掌握平面设计的基础知识,有助于更好地进行平面设计的学习和实践。

学习目标

- 平面设计的基础知识
- 平面设计的基本要素
- 图像基本知识

- 页面的设置,图像的输出
- 印前检查

1.1 平面设计概述

1.1.1 平面设计的概念 ▼

平面设计泛指具有艺术性和专业性,以"视觉"作为沟通和表现的方式,透过多种方式创造,并结合符号、图片和文字做出的用来传达想法或讯息的视觉表现。平面设计师可能会利用字体排印、视觉艺术、版面(page layout)等方面的专业技巧,来达到创作的目的。平面设计通常指制作(设计)时的过程及最后完成的作品。

1.1.2 平面设计的应用领域 ▼

Photoshop 的专长在于图像处理,而不是图形创作。图像处理是对已有的位图图像进行编辑加工处理及运用一些特殊效果的过程,其重点在于对图像的处理加工;图形创作是按照自己的构思创意,使用矢量图形来设计图案。

1. 平面设计

平面设计是 Photoshop 应用最为广泛的领域,如招贴、图书封面、海报等这些平面印刷品都可以使用 Photoshop 软件对图像进行处理,如图 1–1 至图 1–3 所示。

图 1–1 招贴设计

图 1–2 图书封面

图 1-3　海报设计

2. 广告摄影

广告摄影对视觉效果的要求非常严格，其最终成品往往要经过 Photoshop 的修改才能得到满意的效果。

3. 影像创意

影像创意是 Photoshop 的特长，通过 Photoshop 的处理，可以将不同的对象组合在一起，使图像发生变化，如图 1-4 所示。

图 1-4　影像创意

4. 网页制作

网络的普及促使更多人要掌握 Photoshop 的操作方法，因为在制作网页时 Photoshop 是必不可少的网页图像处理软件，如图 1-5 所示。

图 1-5　网页设计

5. 后期修饰

当制作建筑效果图包括许多三维场景时，人物与配景的颜色常常需要在 Photoshop 中进行调整，如图 1-6 所示。

6. 视觉创意

视觉创意与设计是设计艺术的一个分支，此类设计通常没有非常明显的商业目的，但由于它为广大设计爱好者提供了广阔的设计空间，因此越来越多的设计爱好者开始学习 Photoshop，并进行具有个人特色与风格的视觉创意，如图 1-7 所示。

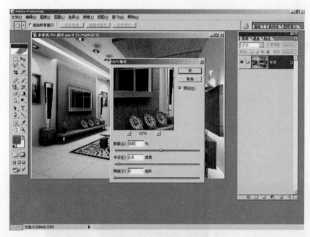

图 1-6　后期修饰

图 1-7　视觉创意

7. 界面设计

界面设计是一个新兴的领域，受到越来越多的软件企业及开发者的重视。当前还没有专门用于界面设计的软件，因此绝大多数设计者使用 Photoshop 进行界面设计，如图 1-8 所示。

图 1-8　界面设计

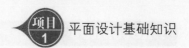
▶▶▶ 1.2
平面设计的基本要素

平面设计作品的基本要素主要包括图形、文字和色彩三种要素。这三种要素的组合形成了一幅完整的平面设计作品。每种要素在平面设计作品中都起到了举足轻重的作用，三种要素之间相互影响，每种要素的变化都会使平面设计作品产生丰富的视觉效果。

1.2.1　图形 ▼

通常，人们在欣赏一幅平面设计作品的时候，首先注意到的是图片，其次是标题，最后才是正文。如果说标题和正文作为符号化的文字受地域和语言背景限制的话，那么图形信息的传递不受国家、民族、种族语言的限制，它是一种通行于世界的语言，具有广泛的传播性。因此，图形创意策划的选择直接关系到平面设计作品的效果。图形的设计是整个设计内容最直观的体现，它最大限度地表现了作品的主题和内涵。图形效果如图 1-9 所示。

图 1-9　平面设计作品图形设计

1.2.2　文字 ▼

文字是基本的信息传递符号。在平面设计中，相对于图形而言，文字的设计安排占有相当重要的地位，是体现内容传播功能最直接的形式。在平面设计作品中，文字的字体造型和构图编排恰当与否直接影响到作品的诉求效果和视觉表现力。文字效果如图 1-10 所示。

图 1-10　平面设计作品文字设计

1.2.3　色彩　▼

　　平面设计作品给人的整体感受取决于作品画面的整体色彩。色彩是平面设计组成的重要因素之一，它的色调与搭配受宣传主题、企业形象、推广地域等因素的共同影响。因此，在平面设计中，要考虑消费者对颜色的一些固定心理感受及相关的地域文化。色彩效果如图 1-11 所示。

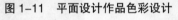

图 1-11　平面设计作品色彩设计

>>> 1.3
图像基本知识

1.3.1　位图与矢量图　▼

　　位图图像也称为点阵图像，位图使用我们称为像素的一格一格的小点来描述图像。

　　矢量图根据几何特性绘制图形，用线段和曲线描述图像，矢量可以是一个点或一条线，矢量图只能靠软件生成，矢量图的文件占用内存空间较小，因为这种类型的图像文件包含独立的分离图像，可以自由无限制地重新组合。位图和矢量图如图 1-12 所示。

矢量图

位图

图 1-12   位图和矢量图

矢量图与位图最大的区别：矢量图与分辨率无关，可以将它缩放到任意大小和以任意分辨率在输出设备上打印出来，都不会影响清晰度；而位图是由一个一个像素点产生的，当放大图像时，像素点也放大了，但每个像素点表示的颜色是单一的，所以在位图放大后就会出现马赛克现象，如图 1-13 所示。

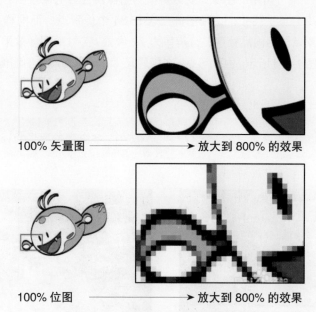

100% 矢量图 ——————→ 放大到 800% 的效果

100% 位图 ——————→ 放大到 800% 的效果

图 1-13   矢量图和位图放大效果对比

位图表现的色彩比较丰富，可以表现出色彩丰富的图像，可逼真地表现自然界的各类实物；而矢量图的色彩不丰富，无法表现逼真的实物，矢量图常常用来表示标识、图标、Logo 等简单的图像，如图 1-14 所示。

图 1-14   位图与矢量图色彩表现对比

位图的文件类型很多，如 *.bmp、*.pcx、*.gif、*.jpg、*.tif、*.psd 等。

矢量图的格式也很多，如 Adobe Illustrator 的 *.al、*.eps 和 *.svg，AutoCAD 的 *.dwg 和 *.dxf，Corel DRAW 的 *.cdr 等。

位图表现的色彩比较丰富，所以占用的空间会很大，颜色信息越多，占用空间越大，图像越清晰，占用空间越大；矢量图表现的图像颜色比较单一，所以占用的空间会很小。

使用软件，可以很轻松地将矢量图转换为位图，而要将位图转换为矢量图必须经过复杂而庞大的数据处理，而且生成的矢量图质量也会有很大的出入。

1.3.2 分辨率 ▼

分辨率是用于描述图像文件信息的术语。分辨率分为图像分辨率、屏幕分辨率和输出分辨率。

1. 图像分辨率

在 Photoshop 中，图像每单位长度上的像素数目称为图像的分辨率，其单位为像素 / 英寸或像素 / 厘米。

在相同尺寸的两幅图像中，高分辨率的图像比低分辨率的图像所包含的像素多。例如：一幅尺寸为 1 英寸 × 1 英寸的图像，其分辨率为 72 像素 / 英寸，这幅图像包含 5184 个像素点；而同样尺寸、分辨率为 300 像素 / 英寸的图像包含 90 000 个像素点。相同尺寸下，分辨率为 72 像素 / 英寸的图像效果如图 1–15 所示，分辨率为 300 像素 / 英寸的图像效果如图 1–16 所示。由此可见，在相同尺寸下，高分辨率的图像能更清晰地表现图像内容。

 小提示

如果一幅图像所包含的像素是固定的，那么增加图像尺寸，就会降低图像的分辨率。

图 1–15　分辨率 72 像素 / 英寸

图 1–16　分辨率 300 像素 / 英寸

2. 屏幕分辨率

屏幕分辨率是显示器上每单位长度显示的像素数目。屏幕分辨率取决于显示器的大小及其像素设置。PC 显示器的分辨率一般为 96 像素 / 英寸。在 Photoshop 中，图像像素被直接转换为显示器像素，当图像分辨率高于显示器分辨率时，屏幕上显示出的图像比实际图象大。

3. 输出分辨率

输出分辨率是照排机或打印机等输出设备产生的每英寸的油墨点数（dpi）。打印机的分辨率在 720dpi 以上，可以使图像获得比较好的效果。

1.3.3 色彩模式 ▼

Photoshop 提供了多种色彩模式，这些色彩模式是作品能够在屏幕和印刷品上成功表现的重要保障。在这里重点介绍几种经常使用的色彩模式，包括 CMYK 模式、RGB 模式、灰度模式及 Lab 模式。每种色彩模式都有不同的色域，并且各种模式之间可以相互转换。

1.CMYK 模式

CMYK 模式代表了印刷用的四种油墨色：C 代表青色，M 代表洋红色，Y 代表黄色，K 代表黑色。CMYK 模式在印刷时应用了色彩学中的减法混合原理，即减色色彩模式，它是图片、插图和其他作品中最常用的一种印刷方式。这是因为在印刷中通常都要进行四色分色，出四色胶片，然后再进行印刷。

> **小提示**
>
> 在使用 Photoshop 制作平面设计作品时，一般都会把图像文件的色彩模式设置为 CMYK 模式，这样可以防止颜色失真，因为在整个作品的制作过程中，所制作的图像色彩都在可印刷的色域中。不需要输出的除外，例如网页界面设计。

可以在建立一个 Photoshop 图像文件时就选择 CMYK 四色印刷模式，如图 1-17 所示。

在制作过程中，可以执行"图像 > 模式 > CMYK 颜色"命令，将图像模式转换为 CMYK 四色印刷模式。但是要注意，在图像由 RGB 模式转换为 CMYK 模式以后，就无法再变回原来的 RGB 模式了，因为 RGB 的色彩模式在转换成 CMYK 色彩模式时，色域外的颜色会变暗，这样才使整个色彩成为可以印刷的文件。因此，在将 RGB 模式转换为 CMYK 模式之前，可以执行"视图 > 校样 > 设置 > 工作中的 CMYK"命令，预览一下转换为 CMYK 模式后的图像效果，如果不满意，还可以根据需要对图像进行调整。

2.RGB 模式

RGB 模式是一种加色模式，它通过红、绿、蓝三种色光相叠加而形成更多的颜色。RGB 模式是色光的彩色模式，一幅 24 位色彩范围的 RGB 图像有 3 个色彩信息通道：红色（R）、绿色（G）和蓝色（B）。在 Photoshop 中，RGB 颜色控制面板如图 1-18 所示。

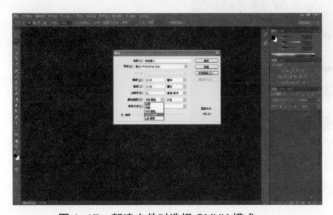

图 1-17 新建文件时选择 CMYK 模式

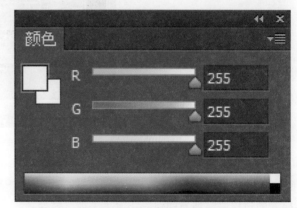

图 1-18 RGB 颜色控制面板

每个通道都有 8 位色彩信息——一个 0 ~ 255 的亮度值色域，也就是说，每一种色彩都有 256 个亮度水平级。3 种色彩相叠加，可以有 $256 \times 256 \times 256 \approx 1678$ 万种颜色，足以表现出绚丽多彩的世界。

在 Photoshop 中编辑图像时，RGB 色彩模式应是最佳的选择，因为它可以提供全屏幕的多达 24 位的色彩范围，一些计算机领域的色彩专家称之为"True Color"（真彩）。

3. 灰度模式

灰度模式下的灰度图又称为 8 比特深度图。每个像素用 8 个二进制数表示，能产生 2 的 8 次方，即 256 级灰色调。当一个彩色文件被转换为灰度模式文件时，所有的颜色信息都将从文件中丢失。尽管 Photoshop 允许将一个灰度模式文件转换为彩色模式文件，但不可能将原来的颜色完全还原。所以当要转换灰度模式文件时，应先做好图像的备份。

和黑白照片一样，一个灰度模式的图像没有色相和饱和度这两种颜色信息，只有明暗值，0% 代表白，100% 代表黑，其中的 K 值用于衡量黑色油墨用量。在 Photoshop 中灰度模式下的颜色控制面板如图 1-19 所示。

图 1-19　灰度模式下的颜色控制面板

4.Lab 模式

Lab 模式是 Photoshop 中的一种国际色彩标准模式，它由 3 个通道组成：一个通道是透明度，即 L；其他两个是色彩通道，即色相和饱和度，用 a 和 b 表示。a 通道包括的颜色值从深绿色到灰色，再到亮粉红色；b 通道是从亮蓝色到灰色，再到焦黄色。这些色彩混合后将产生明亮的色彩。Lab 模式下的颜色控制面板如图 1-20 所示。

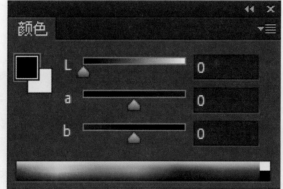

图 1-20　Lab 模式下的颜色控制面板

Lab 模式在理论上包括了人眼可见的所有色彩，它弥补了 CMYK 模式和 RGB 模式的不足。在这种模式下，图像的处理速度比在 CMYK 模式下快数倍，与在 RGB 模式下的速度相仿。此外，在把 Lab 模式转换成 CMYK 模式的过程中，所有的色彩不会丢失或被替换。

💡 **小提示**

在 Photoshop 中将 RGB 模式转换为 CMYK 模式时，可以先将 RGB 模式转换成 Lab 模式，然后再由 Lab 模式转换为 CMYK 模式，这样会减少图片的颜色损失。

1.4

文件格式

平面设计作品制作完成后要进行存储，这时，选择一种合适的文件格式就显得十分重要。在 Photoshop 中有多种文件格式可以选择。在这些文件格式中，既有 Photoshop 的专用格式，也有用于应用程序交换的文件格式，还有一些比较特殊的格式。下面重点介绍几种平面设计中常用的文件存储格式。

1.4.1 TIF 格式 ▼

TIF 格式也称为 TIFF 格式，是标准图像格式。TIF 格式对于色彩通道图像来说具有很强的可移植性，它可以用于 PC、Macintosh 和 UNIX 工作站三大平台，是这三大平台上使用最广泛的绘图格式。

用 TIF 格式存储时应考虑到文件的大小，因为 TIF 格式的结构要比其他格式的结构更大更复杂。但 TIF 格式支持 24 个通道，能存储多于 4 个通道的文件。TIF 格式还允许使用 Photoshop 中的复杂工具和滤镜特效。

> **小提示**
>
> TIF 格式非常适合于印刷和输出。在 Photoshop 中，编辑和处理完成的图片文件一般都会存成 TIF 格式。

1.4.2 PSD 格式 ▼

PSD 格式是 Photoshop 软件自身的专用文件格式。PSD 格式能够保存图像数据的细小部分，如图层、蒙版、通道等 Photoshop 对图像进行特殊处理的信息。在没有最终决定图像的存储格式前，最好先以这种格式存储。另外，Photoshop 打开和存储这种格式的文件较其他格式更快。

1.4.3 JPEG 格式 ▼

JPEG 是 joint photographic experts group 的首字母缩写，译为联合图片专家组，它既是 Photoshop 支持的一种文件格式，也是一种压缩方案。JPEG 格式是 Macintosh 上常用的一种存储类型。JPEG 格式是压缩格式中的"佼佼者"，与 TIF 文件格式采用的 LIW 无损压缩相比，它的压缩比例更大。但它使用的是有损压缩，会丢失部分数据。用户可以在存储前选择图像的最终质量，这样就能控制数据的损失程度。

在 Photoshop 中，可以选择低、中、高和最高四种图像压缩品质。以最高品质保存的图像比以其他品质保存的图像占用更大的磁盘空间；而选择以低品质保存的图像则会损失较多数据，但占用的磁盘空间较少。

1.5
页面设置

选择"文件 > 新建"命令，弹出"新建"对话框，如图 1-21 所示。在该对话框中，在"名称"选项后的文本框中可以输入新建图像的文件名，"预设"选项后的下拉列表用于自定义或选择其他固定格式文件的大小，在"宽度"和"高度"选项后的数值框中可以输入需要设置的宽度和高度的数值，在"分辨率"选项后的数值框中可以输入需要设置的分辨率。

图像宽度和高度的计量单位可以设定为像素或者厘米。单击"宽度"和"高度"选项下拉列表后面的黑色按钮，弹出计量单位下拉列表，可以选择计量单位。

"分辨率"选项后面的文本框中可以设定每英寸的像素数或每厘米的像素数。一般在进行屏幕练习时，设定为 72 像素 / 英寸；在进行平面设计时，分辨率设定为输出设备的半调网屏频率的 1.5 ~ 2 倍，一般为 300 像素 / 英寸。单击"确定"按钮，新建页面。

💡 **小提示**

每英寸像素数越大，图像的效果越好，但图像的文件也越大。在进行平面设计时，应根据需要设定合适的分辨率。

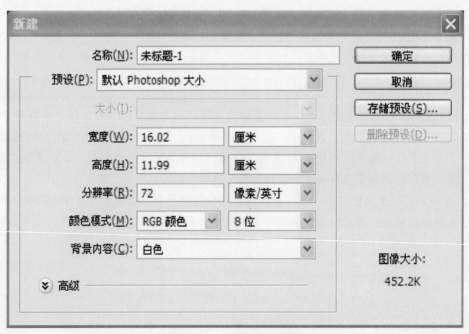

图 1-21 "新建"对话框

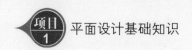

▶▶▶ 1.6
出血

　　印刷装订工艺要求接触到页面边缘的线条、图片或色块，它们需跨出页面边缘的成品裁切线3 mm，称为出血。出血是防止裁刀裁切到成品尺寸里面的图文或出现白边。

　　例如，要制作卡片的尺寸是 90 mm×55 mm，那么新建文件的页面尺寸需要设置为 96 mm×61 mm。

学习反思：□□□

上网搜集关于 Photoshop 应用领域的相关资料，图文并茂地写一份报告，字数不少于 2000 字。

项目

2

标志设计

BIAOZHI
SHEJI

标志是一种传达事物特征的特定视觉符号，它代表着企业的形象和文化。随着商品市场竞争的日益激烈，标志的应用范围也日益广泛，不知不觉中已变成一种无形的资产，在社会生活中起着不可替代的作用。

我们要做的是从设计的角度认识标志，充分体会标志所表达的象征含义和要传达给人们的信息，利用设计手段和表现方法，设计出完整、规范、符合审美标准的标志作品。

学习目标

- 掌握标志设计要点
- Photoshop 文档的基本操作
- Photoshop 图层的基本使用
- Photoshop 工具箱中基本绘图工具的使用

2.1
标志设计要点

标志具有以下三大特征:
(1) 识别性;
(2) 象征性;
(3) 审美性。

从造型美的角度，标志设计要注意以下三点:
(1) 易识别的简洁美;
(2) 图形的造型美;
(3) 意和形的综合美。

下面以工商银行标志的绘制为例，体会标志设计的要点，感受形式和寓意的有机结合，掌握使用 Photoshop 绘制标志的方法。

2.2
绘制工商银行标志

工商银行标志效果图如图 2-1 所示。

图 2-1　工商银行标志效果图

2.2.1　教学内容及目标 ▼

教　学　内　容	目　　　标
■文档的新建、保存和关闭方法	■能熟练建立文档并设置参数 ■能熟练保存文档和关闭文档
■视图的缩放操作	■能根据需要选择合适的缩放方法
■初识图层	■掌握图层的基本操作方法
■选区的建立与编辑方法	■能熟练地用基本选区工具创建图形
■前景色、背景色的编辑、填充	■能熟练编辑前景色、背景色并填充
■图层的对齐	■对创建的对象进行各种对齐操作
■圆角矩形工具的使用	■创建圆角矩形
■选区的缩放	■能对选区进行缩放
■图像处理相关概念	■位图和矢量图 ■像素与分辨率

2.2.2　分解任务与知识点对应表 ▼

分　解　任　务	对应知识点
■熟悉界面基本组成	■标题栏、菜单栏、图像编辑窗口、状态栏、工具箱、控制面板 ■隐藏、显示工具箱和控制面板的方法
■熟悉工作区	■打开软件，恢复初始状态的操作 ■预置软件的操作 ■暂存盘、图像高速缓存 ■恢复工作区
■新建文件	■新建文件的方法 ■各项参数的设置 ■像素和分辨率的含义
■保存文件	■保存文件的方法 ■文件的存储格式
■关闭文件	■关闭文件的方法
■打开文件	■打开文件的方法
■视图的缩放	■用缩放工具调整窗口比例 ■用抓手工具移动画面 ■缩放命令及快捷键
■标尺、网格和辅助线的设置	■标尺、网格和辅助线的设置 ■显示和隐藏标尺、网格和辅助线的方法

续表

分 解 任 务	对应知识点
■颜色的编辑填充	■颜色的编辑填充 ■前景色、背景色
■认识图层	■理解图层的意义 ■新建图层和复制图层的方法
■选区的建立	■选区的意义 ■移动选区的操作 ■取消选区的操作 ■多边形套索工具的使用方法 ■建立圆环形选区的方法 ■新建选区、添加选区、从选区中减去、与选区交叉操作
■ ICBC 文字的处理	■圆角矩形工具 ■选区的缩放 ■图层对齐

2.2.3 操作步骤 ▼

 分解任务一：熟悉界面基本组成

启动软件后显示主窗口如图 2-2 所示。

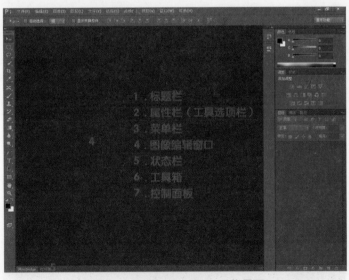

图 2-2 Photoshop CS6 工作界面

【标题栏】位于主窗口顶端，最左边是 Photoshop 标记，右边分别是最小化、最大化/还原和关闭按钮。

【属性栏】又称工具选项栏。选中某个工具后，属性栏就会改变成相应工具的属性设置选项，可更改相应的选项。

【菜单栏】为整个环境下的所有窗口提供菜单控制，包括文件、编辑、图像、图层、文字、选择、滤镜、视图、窗口和帮助十项。在 Photoshop 中，我们可以通过两种方式执行所有命令，一是菜单，二是快捷键。

【图像编辑窗口】中间窗口是图像窗口，它是 Photoshop 的主要工作区，用于显示图像文件。图像窗口带有自己的标题栏，提供了打开文件的基本信息，如文件名、缩放比例、颜色模式等。如同时打开两幅图像，可通过单击图像窗口进行切换。图像窗口的切换可使用【Ctrl+Tab】组合键。

【状态栏】主窗口底部是状态栏，由三部分组成。

【文本行】说明当前所选工具和所进行操作的功能与作用等信息。

【缩放栏】显示当前图像窗口的显示比例，用户也可在此窗口中输入数值后按回车键来改变显示比例。

【预览框】单击右边的黑色三角按钮，打开弹出菜单，选择任一命令，相应的信息就会在预览框中显示。

【工具箱】工具箱中的工具可用来选择、绘画、编辑及查看图像。拖动工具箱的标题栏，可移动工具箱；单击可选中工具或移动光标到该工具上，属性栏会显示该工具的属性。有些工具的右下角有一个小三角形符号，这表示在工具位置上存在一个工具组，其中包括若干个相关工具。

【控制面板】共有 14 个面板，可通过"窗口 > 显示"命令来显示面板。按【Tab】键，自动隐藏命令面板、属性栏和工具箱，再次按【Tab】键，显示以上组件。按【Shift+Tab】组合键，隐藏控制面板，保留工具箱，可以选择和使用工具箱中的工具。

分解任务二：熟悉工作区

（1）打开软件：在启动 Photoshop 的过程中，按【Ctrl+Shift+Alt】组合键，软件恢复到初始状态。

（2）预置软件：使用"编辑 > 预置"（【Ctrl+K】组合键）命令对 Photoshop 软件进行环境预置。

（3）暂存盘：Photoshop 软件产生的虚拟内存，以提高 Photoshop 处理的速度。当第一个暂存盘已满时，需要将硬盘中不需要的文件删除，以释放更多的硬盘空间。Photoshop 软件可以设定 4 个暂存盘。

（4）图像高速缓存：为图像加快屏幕刷新的速度。

如果在使用 Photoshop 的过程中不小心将一些重要的面板弄得不显示了，或者位置错乱了，如图 2-3 所示。

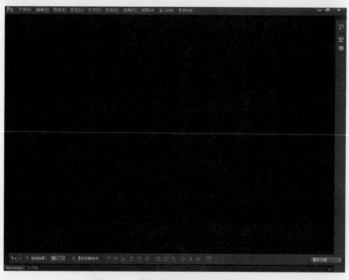

图 2-3　界面面板不显示或混乱

工作区混乱后恢复工作区的操作：执行"窗口 > 工作区 > 复位基本功能"命令，如图 2-4 所示。工作区恢复后的效果如图 2-5 所示。

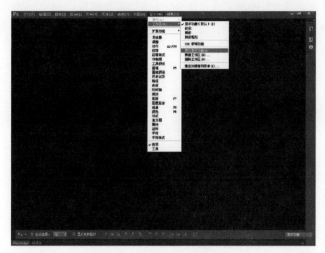

图 2-4 复位基本功能菜单

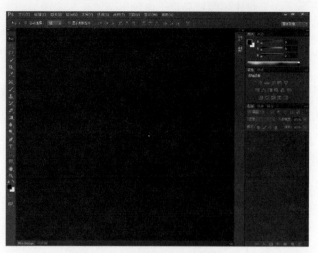

图 2-5 工作区恢复后的效果

分解任务三：新建文件

启动 Photoshop CS6 中文版后并未新建或打开一个图像文件，这时用户可根据需要新建一个图像文件。新建图像文件是指新建一个空白图像文件。新建图像文件的步骤如下：

（1）选择"文件 > 新建"命令或按快捷键【Ctrl+N】，弹出"新建"对话框，如图 2-6 所示。

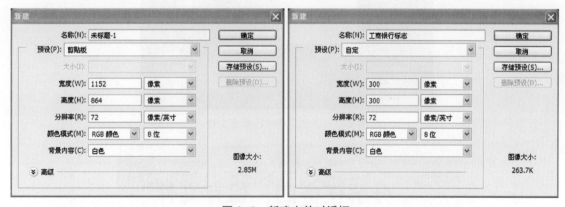

图 2-6 新建文件对话框

（2）在打开的对话框中设置 Photoshop CS6 新建文件的名称、大小及分辨率等参数。

【名称】Photoshop CS6 中文版将新文件缺省命名为"未标题 –1"，可以在这里给新文件命名，这里我们给文档起名为"工商银行标志"，也可以在保存文件时再给文件命名。

【预设】预先定义好的一些图像大小。单击"预设"右侧的 按钮，在弹出的下拉列表框中可以选择 Photoshop CS6 软件预设的新建文件大小。

【宽度】和【高度】在右边的单位列表框中选择单位，在文字输入框中输入图像文件的宽度值和高度值。单击右侧的 按钮，在弹出的菜单中选择像素、英寸、毫米、厘米、点或派卡。这里设置图像为 300 像素 ×300像素。

【分辨率】图像中存储的信息量，表示每英寸图像内有多少个像素点，分辨率的单位为像素 / 英寸。

如果制作的图像只用于电脑屏幕显示，图像分辨率只需要用 72 像素 / 英寸或 96 像素 / 英寸即可；如果制作的图像需要打印输出，那么最好用高分辨率，如 300 像素 / 英寸。

我们一般把分辨率设置为 72 像素 / 英寸。Photoshop CS6 将 72ppi 作为缺省设置，因为大多数显示器在屏幕区域中每英寸显示 72 个像素点。文档设置的分辨率与显示器的分辨率一样。如果加大了分辨率、高度或宽度的值，那么图像的尺寸也会随之增大。在实际操作中我们应尽量避免大尺寸的图像，因为大尺寸的图像在操作的时候非常笨重，反应比较慢，而且还会降低计算机的速度。

【颜色模式】如果图像文件用于打印输出，可选择 RGB 模式；如果图像用于印刷，可将色彩模式设置为CMYK 模式。

Photoshop CS6 将 RGB 颜色作为缺省设置，因为 RGB 是视频显示器显示颜色的标准色彩模式。在 RGB 模式中，颜色由红、绿、蓝三种颜色组合而成。当设置为 RGB 颜色模式的时候，Photoshop CS6 的所有绘图和编辑属性都是有效的。

【背景内容】在此选项中可以选择文件的背景形式，可以选择"白色""背景色"或"透明色"中的任意一种背景方式。以透明色背景内容建立的图像窗口以灰白相间的网格显示，以此来区别以白色背景内容建立的图像窗口。

以上内容都设置好后，单击"确定"按钮，就可以新建一个文档，如图 2-7 所示。

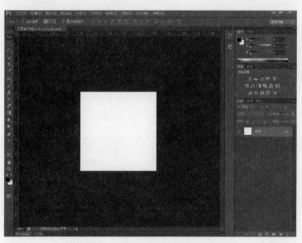

图 2-7　新建工商银行标志文档

 分解任务四：保存文件

新建文件或者对打开的文件进行编辑之后，应该及时将处理结果保存起来。保存时，我们可以选择不同的格式存储文件，以便其他程序使用。

1. 使用"存储"命令保存文件

当我们打开一个图像文件并对其进行了编辑之后，可以执行下面的步骤将其保存：

选择"文件"菜单，单击"存储"命令，或者按【Ctrl+S】快捷键，即可保存所做的修改，图像也会按照原有的格式进行存储。

对于一个新建的文件，第一次执行"存储"命令时会打开"存储为"对话框。

当对一个新建文档进行存储后，或者打开一个图像进行编辑后，再次应用"存储"命令时，不会打开"存储为"对话框，而是直接将原文档覆盖。如果不想将原有的文档覆盖，就需要使用"存储为"命令。

2. 使用"存储为"命令保存文件

如果要将文件保存为别的名称或其他格式，或者存储在其他位置，可以执行下面的步骤：

（1）选择"文件"菜单，单击"存储为"命令，或者按【Shift+Ctrl+S】快捷键，打开"存储为"对话框。如图 2-8 所示。

图 2-8 "存储为"对话框

保存在：可以选择图像的保存位置。

文件名：可以在其右侧的文本框中输入要保存文件的名称。

格式：可以在右侧的下拉菜单中选择要保存的文件格式。一般默认的保存格式为 PSD 格式。这是 Photoshop 的源文件格式，能保存所有的编辑信息，以方便日后修改。

存储选项：如果当前文件具有通道、图层、路径、专色或注解，而且在"格式"下拉列表中选择了支持保存这些信息的文件格式，则对话框中的"Alpha 通道""图层""注释""专色"等复选框将被激活。

作为副本：可以将编辑的文件作为副本进行存储，保留源文件。副本文件与源文件存储在同一位置。

注释：选中该复选框，表示保存注释，否则不保存。

Alpha 通道：选择该复选框，表示将 Alpha 通道存储。

专色：如果编辑的文件中设置有专色通道，选取该项，将保存该专色通道。

图层：如果编辑的文件中包含多个图层，选择该项，将对分层文件进行分层保存。

颜色：为存储的文件配置颜色信息。

使用校样设置：将文件的保存格式设置为 EPS 或 PDF 时，该选项可用，勾选该项可以保存打印用的校样设置。

ICC 配置文件：可保存嵌入在文档中的 ICC 配置文件。

缩览图：为存储的文件创建缩览图。默认情况下，Photoshop 会自动创建。此后在"打开"对话框中选择一个图像时，对话框底部会显示此图像的缩览图。

使用小写扩展名：将文件的扩展名设置为小写。

（2）在打开的"存储为"对话框中设置好合适的名称和格式后，单击"保存"按钮即可将图像保存。

 小提示

如果要在不能识别 Photoshop 文件的应用程序中打开该文件，那么必须将其保存为该应用程序所支持的文件格式。

3. 使用"嵌入"命令保存文件

执行"文件 > 嵌入"命令保存文件时，允许存储文件的不同版本及各版本的注释。

该命令可用于 Version Cue 工作区管理的图像，如果使用的是来自 Adobe Version Cue 项目的文件，文档标题栏会提供有关文件状态的其他信息。

分解任务五：关闭文件

Photoshop CS6 中文版提供了关闭图像文件的命令，以此来关闭已经打开的图像文件。具体操作如下：

（1）执行"文件 > 关闭"命令，关闭当前操作的文件，或按【Ctrl+W】组合键。

（2）如果要关闭所有打开的文件，可执行"文件 > 关闭全部"命令，或按【Alt+Ctrl+W】组合键。

（3）关闭文件还可直接单击图像文件右上角的 ✖ 按钮。

> **小提示**
>
> 值得注意的是：如果在打开图像文件之后对该文件进行过任何编辑修改，在对其进行关闭操作时都会出现是否保存的提示框，可有选择性地进行操作。如打开的图像文件没有对其进行任何编辑修改，则在执行关闭操作时不会有任何提醒。

分解任务六：打开文件

Photoshop CS6 中文版提供了打开图像文件的命令，以打开已经存在的图像文件。打开图像文件可以通过"打开""打开为"和"最近打开文件"命令，操作方法如下：

（1）选择"文件 > 打开"命令，或按快捷键【Ctrl+O】，打开如图 2-9 所示的对话框。

（2）在"查找范围"下拉列表框中选择要打开的文件所在的路径。

（3）选取要打开的图像文件（按住【Ctrl】键不放可一次性选取多个文件）。

图 2-9 "打开"对话框

（4）单击"打开"按钮或在文件列表中双击要打开的文件，图像文件被打开，单击"取消"按钮，则放弃打开文件。

选择"文件 > 最近打开文件"命令，其子菜单里列出了最近打开过的一些文件，可以从这里直接将所需的图像文件打开，如图 2-10 所示。

技巧：在 Photoshop CS6 中文版工作界面空白处双击鼠标左键，可快速打开"打开"对话框。

图 2-10 "最近打开文件"的子菜单

分解任务七：视图的缩放

1. 使用各种方法缩放图像

PhotoShop CS6 中文版"缩放工具"的图标是 🔍，快捷键是【Z】。在 Photoshop CS6 中，缩放工具又称为放大镜工具，可以将图像放大或缩小。选择缩放工具并单击图像时，对图像进行放大处理，按住【Alt】键将缩小图像。

使用 PhotoShop CS6 缩放工具时，每单击一次都会将图像放大或缩小到下一个预设百分比，并以单击的点为中心将显示区域居中。当图像到达最大放大级别 3200% 或最小尺寸 1 像素时，放大镜看起来是空的。

2. 缩放工具属性栏

用于切换放大视图按钮和缩小视图按钮。

调整窗口大小以满屏显示：在 Photoshop CS6 缩放工具处于使用状态时，选择选项栏内的"调整窗口大小以满屏显示"，当放大或缩小图像视图时，窗口的大小即会调整；如果没有选择"调整窗口大小以满屏显示"（默认设置），则无论怎样放大图像，窗口大小都会保持不变。如果用户使用的显示器比较小，或者在平铺视图中工作，这种方式会有所帮助。

缩放所有窗口：勾选"缩放所有窗口"选项，可以同时缩放 Photoshop CS6 已打开的所有窗口图像。

细微缩放：勾选"细微缩放"选项，在 Photoshop CS6 图像窗口中按住鼠标左键拖动，可以随时缩放图像大小，向左拖动鼠标为缩小，向右拖动鼠标为放大。不勾选"细微缩放"选项，在 Photoshop CS6 图像窗口中按住鼠标左键拖动，可创建出一个矩形选区，将以矩形选区内的图像为中心进行放大。

实际像素：单击"实际像素"按钮，图像将自动还原到图像实际尺寸大小。

适合屏幕：单击"适合屏幕"按钮，图像将自动缩放到窗口大小，方便我们整体预览图像。

填充屏幕：单击"填充屏幕"按钮，图像将自动填充整个图像窗口，而实际长宽比例不变。

打印尺寸：单击"打印尺寸"按钮，图像将缩放到适合打印的分辨率。

在 Photoshop CS6 窗口左下角缩放比例框中直接输入要缩放的百分比值，按键盘上的【Enter】键确认缩放即可。

对刚建立的"工商银行标志"文档进行放大处理，如图 2-11 所示，方便我们下一步的操作。

图 2-11　文档放大显示

>>>分解任务八：标尺、网格和辅助线的设置

（1）打开标尺：单击"视图"菜单中的"标尺"选项，或者直接按快捷键【Ctrl+R】打开标尺。

（2）打开网格：选择"视图＞显示＞网格"命令，或者直接按【Ctrl＋'】组合键调出网格，如图 2-12 所示。

（3）调节网格大小：【Ctrl＋K】（首选项）＞【Ctrl＋8】（参考线、网格和切片）。

参考线、网格及切片的属性设置都在这一窗口，我们只需要对网格属性进行设置即可。

我们在 300 像素 ×300 像素的画布上建立 15 像素 ×15 像素的网格，需要把网格线间隔设置为 20，其他选项不变，依照图 2-13 进行设置。

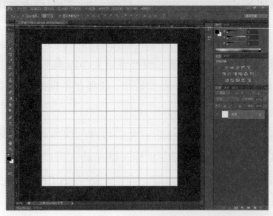

图 2-12　显示网格图

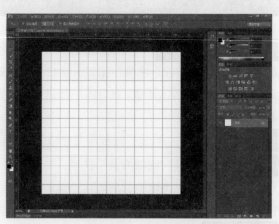

图 2-13　设置网格大小

设置网格颜色：首先，各种辅助线要使用不同的颜色进行设置，避免相互混淆；其次，设置的颜色不能与当前图片的背景色一致，例如在黑色背景上不能使用黑色网格线。

按图 2-14 所示设置辅助线颜色。

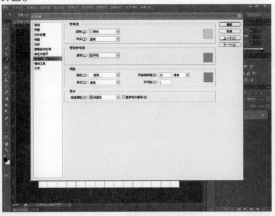

图 2-14　设置辅助线颜色

设置完网格线后需要做两条参考线，以便找到画布的中心点，方法是：按【Ctrl+R】组合键调出标尺，从标尺位置可以直接拖拽出参考线。

隐藏标尺和网格线的方法：再次按相关组合键，例如显示标尺按【Ctrl+R】，要隐藏标尺就再次按【Ctrl+R】。辅助线的显示与隐藏是按【Ctrl+；】组合键。

 分解任务九：颜色的编辑填充

在 Photoshop CS6 中设置颜色，主要是通过设置工具箱中的前景色与背景色来完成的。前景色与背景色显示在工具箱中的下半部分。默认情况下，前景色为黑色，背景色为白色，按【D】键恢复默认状态，按【X】键切换前景色与背景色。

前景色：用于显示和设置当前所选绘图工具（如画笔工具、铅笔工具、油漆桶工具）所使用的颜色。

背景色：设置背景色后，并不会立刻改变图像的背景色，只有在使用了与背景色有关的工具（橡皮擦工具、改变画布大小工具）后，才会按背景色的设定来执行。

改变前景色和背景色的方法：直接在工具箱中单击前景色或背景色的图标，就会弹出拾色器对话框，选择红色，如图 2-15 所示。

颜色的填充：使用工具箱中的油漆桶工具。

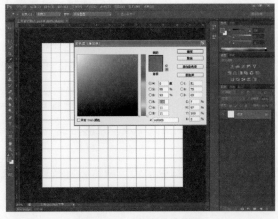

图 2-15　拾色器对话框

>>> **分解任务十**：认识图层

1. 认识图层

什么是图层？我们可以把图层看成一张张透明的纸，在这些透明的纸上分别画出不同的东西，然后叠加起来，就组成了一幅图像。要修改图像的一部分内容时，就可以将要修改的内容作为一个单独的图层进行分层处理，这样就不会影响其他图层中的内容，从而使编辑和修改图像更加轻松自如。图层原理如图 2-16 所示。

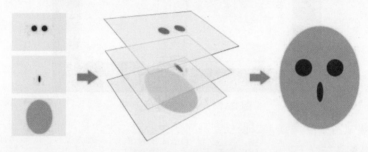

图 2-16　图层原理

要注意的是，图层是有上下次序关系的，上面图层里的内容会遮住下面图层里的内容。

2. 新建图层

可以在"图层"菜单中选择"新建图层"或者在图层面板下方选择"新建图层 > 新建图层组"命令。

3. 给图层命名

在图层面板中双击要修改名称的图层，输入新的图层名称即可。

4. 复制图层

在图层面板上拖动要复制的图层到下面的"新建图层"按钮上，松开，就会复制一个图层，然后给新图层命名。

>>> **分解任务十一**：选区的建立

1. 选区的意义

选区是指通过工具或者相关命令在图像上创建的选取范围。创建选区轮廓后，可以将选区内的区域进行隔离，以便复制、移动、填充，或进行颜色校正。因此，要对图像进行编辑，首先要了解在 Photoshop CS6 中创建选区的方法和技巧。

在图像中创建选区后，用户编辑图像时，被编辑的范围将会局限在选区内，而选区以外的像素将会处于被保护状态，不能被编辑。比如创建选区后，若执行"复制"与"粘贴"命令，则被复制到新图层中的内容就只是选区内的图像。

Photoshop CS6 中用来创建选区的工具主要分为创建规则选区工具与创建不规则选区工具两大类。分别集中在选框工具组、套索工具组和魔棒工具组这 3 组工具中及"色彩范围"命令菜单中。

2. 移动选区的操作

使用任何一种选择工具创建选区后，在选项栏中单击"新选区"按钮，将鼠标指针放在选区边框上，拖动鼠标就可以移动选区。此外，还可以将选区边框拖动到另一个图像窗口中。

若要将方向限制为 45° 的倍数，先开始拖动选区，然后在继续拖动时按住【Shift】键即可。

若要以 1 像素的增量移动选区，可以使用箭头键。

若要以 10 像素的增量移动选区，可以按住【Shift】键并使用箭头键。

3. 取消选区的操作

取消当前选区最快速的方式是按【Ctrl+D】快捷键，也可以执行"选择 > 取消选择"命令。

4. 多边形套索工具的使用

使用多边形套索工具，可以在图像中选取不规则的多边图形。先单击左键确定一点，再移至另一处继续单击左键确定，取消一点或多点按【Delete】键，完全取消按【Esc】键。结束可以回到起点单击或双击左键。

（1）建立选区填充效果：参照显示的网格线，选择多边形套索工具绘制中国工商银行标志的多边形选区，如图 2-17 所示。

（2）新建图层，命名为"左边工"，为其填充红色，如图 2-18 所示。

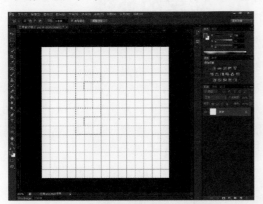

图 2-17　使用多边形套索工具绘制

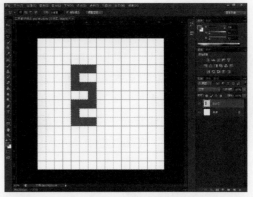

图 2-18　填充红色

（3）复制"左边工"图层，修改名称为"右边工"，并依照网格线将"右边工"摆放到合适的位置，如图 2-19 所示。

5. 建立圆环形选区的方法

（1）选择椭圆选框工具，按"新选区"按钮，同时按住【Shift+Alt】键在辅助线交叉点处创建正圆形，如图 2-20 所示。

（2）新建图层，命名为"圆环"，填充颜色。

（3）选择"修改 > 收缩"命令，参数设置为 20，单击【Delete】键删除，生成圆环效果，如图 2-21 所示。

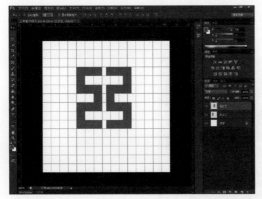

图 2-19　复制图层并放置

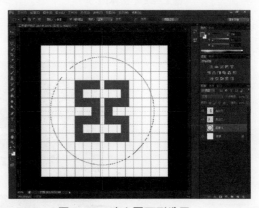

图 2-20　建立圆环形选区

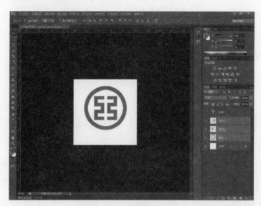

图 2-21　圆环效果

分解任务十二：ICBC 文字的处理

（1）将三个图层全选，按【Ctrl+T】键缩小，如图 2-22 所示。

（2）选择工具箱中的文本工具 ，输入法处于英文输入状态，按下【Caps Lock】键，输入"ICBC"，选择字体为方正大黑简体，字号 30 点，颜色黑色。在文本工具被选择的状态下，双击文字图层的缩略图，工作区中的文字被选择，用鼠标单击文字，将光标置于两个字母中间，按空格键，将字母间距加大，用选择工具选择文字图层和圆环图层，在属性栏中单击水平居中对齐按钮 ，如图 2-23 所示。

图 2-22　整体缩小　　　　　　　　　　　　　　图 2-23　输入文字

（3）右键单击文字图层，将文字图层栅格化，文字图层变为普通图层，此时可将工作区中的文字"ICBC"按照图形的属性进行编辑，如图 2-24 所示。

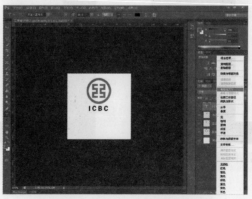

图 2-24　栅格化文字图层

（4）使用矩形选框工具将字母 C 框选后删除掉，如图 2-25 所示。

（5）选择工具箱中的圆角矩形工具 ，设置属性栏中的工具模式为路径，半径设置为 100。从标尺拖拽出辅助线，在辅助线参考范围内绘制圆角矩形路径，如图 2-26 所示。

（6）按【Ctrl+Enter】键将路径转换为选区，新建图层 C 并填充黑色，如图 2-27 所示。

图 2-25　删除字母 C　　　　图 2-26　绘制圆角矩形　　　图 2-27　填充黑色

（7）选择"变换选区"命令，按【Shift+Alt】键收缩选区，参考 I 字母的宽度进行缩放，如图 2-28 所示。

（8）按【Delete】键删除选区内容，按【Ctrl+D】键取消选区，用矩形选框工具删除部分内容，按【Ctrl+D】键取消选区，如图 2-29 所示。

（9）复制该图层，将其放到 B 字母的后面，调整各个字母的间距，如图 2-30 所示。

图 2-28　变换选区　　　　　图 2-29　生成字母 C 效果　　　　图 2-30　调整各字母间距效果

（10）用矩形选框工具在 ICBC 下方创建细矩形效果，新建图层，用吸管工具吸取标志的红色，填充，按【Ctrl+D】键取消选区，如图 2-31 所示。

（11）选择文本工具，在红色矩形下方输入"中国工商银行"，字号 25，颜色黑色，字体方正大黑简体。完成本练习，效果如图 2-32 所示。

图 2-31　红色细矩形效果　　　　　　　　图 2-32　标志最终效果

2.3
绘制餐饮标志

餐饮标志效果图如图 2-33 所示。

图 2-33　餐饮标志效果图

2.3.1　教学内容及目标　▼

教 学 内 容	目　　标
■裁切图片	■掌握工具箱中裁切工具的使用方法
■抠图换背景色	■复制图片，调整图片的色阶，建立选区
■位图处理矢量风格	■滤镜／图章
■矢量风格图片的修整	■画笔或者选区工具
■透视圆角矩形绘制	■圆角矩形工具、【Ctrl+T】调整透视
■文字的变形	■文字栅格化，钢笔工具配合变形
■图案的绘制	■钢笔工具的使用

2.3.2　分解任务与知识点对应表　▼

分 解 任 务	对应知识点
■裁切图片	■工具箱裁切工具
■抠图换背景色	■复制图片 ■调整复制层图片的色阶 ■魔棒工具建立选区 ■选区的调整，选区的加减 ■填充背景色

分 解 任 务	对应知识点
■位图处理矢量风格	■滤镜 / 图章，调整参数
■矢量风格图片的修整	■用画笔工具将多余的部分涂抹掉
■透视圆角矩形的绘制	■用工具箱中的圆角矩形工具绘制圆角矩形 ■填充颜色 ■【Ctrl+T】调整透视
■矢量风格人物与透视圆角矩形融合	■【Ctrl+T】调整大小和透视
■文字的变形	■输入文字，选取接近的字体 ■创建工作路径，调整字体形状
■图案的绘制	■用钢笔工具绘制路径

2.3.3　操作步骤 ▼

 分解任务一：裁切图片

　　打开人物图片素材，选择工具箱中的裁切工具，调整左右的控制点，确定保留的图片内容，在图片范围内双击或者按回车键实现图片的裁切，如图 2–34 所示。

图 2–34　图片的裁切

分解任务二：抠图换背景色

　　由于人物衣服的颜色和背景色靠色，人物边缘不明确，如果执行"滤镜 > 图章"命令，最终会导致人物边缘丢失，因此我们需要根据图片素材的具体情况适当进行调整，这也是在以后的学习中经常会遇到的问题，我们要建立起这样的思维：把不符合要求的素材通过适当调整让其成为符合设计需要的素材。

（1）复制图层，执行"图像>调整>色阶"命令，打开色阶对话框。将中间的三角滑块向右调至最大，如图2-35所示。

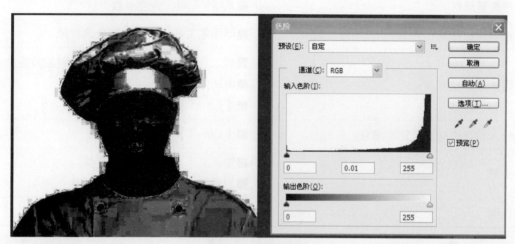

图2-35　调整色阶

（2）加强人物与背景对比，此时人物边缘出现一些色块，将图片局部放大，用白色画笔将人物边缘多余的色块涂抹掉，使人物与背景边缘整齐，如图2-36所示。

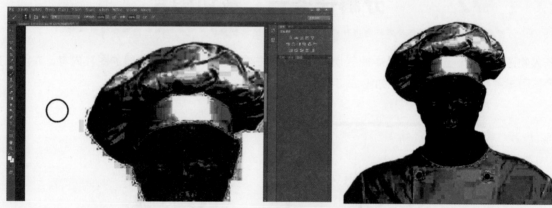

图2-36　用画笔工具涂抹人物边缘

（3）用魔棒工具选取背景白色，建立背景选区，新建图层，填充背景色，如图2-37所示。

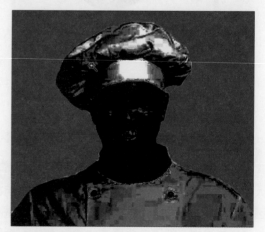

图2-37　填充背景色

分解任务三：位图处理矢量风格

（1）删除刚才改变色阶破坏掉的图层，复制背景层，将填充色图层与背景层副本合并，选择图层1并按【Ctrl+E】键，向下合并图层，如图2-38所示。

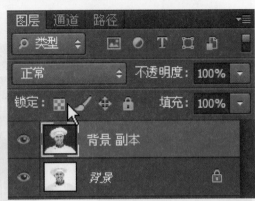

图2-38 合并图层

（2）执行"滤镜＞滤镜库＞素描＞图章"命令，适当调整参数，如图2-39所示。

图2-39 执行相关命令后的效果

分解任务四：矢量风格图片的修整

完成上述任务后，图像上还有很多杂点，为了美观，需要将图像上多余的杂点处理掉，此时，我们可以用画笔工具调整合适的直径（英文输入法状态下按"[" "]"键）。同时，若图像上有些残缺的地方我们也可以用画笔工具将其补上，如图2-40所示。

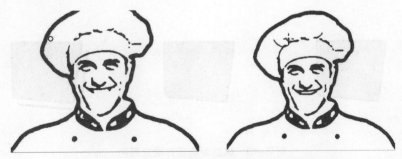

图2-40 分别用白色画笔和咖啡色画笔涂抹后的效果

≫≫分解任务五：透视圆角矩形的绘制

（1）新建文档，绘制矩形。矩形的宽为20cm，高为15cm，其他参数为默认值。选择工具箱中的圆角矩形工具，设置填充颜色为红色，描边颜色为上个任务使用过的咖啡色，设置形状的描边宽度为8点，默认圆角半径为10像素。如图2-41所示。

图2-41　圆角矩形

（2）按【Ctrl+T】键为圆角矩形添加变换框，按住【Ctrl】键调整圆角矩形的形状，按回车键或在图形范围内双击，结束变换。如图2-42所示。

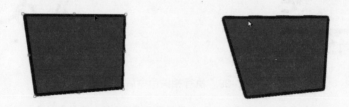

图2-42　调整圆角矩形的透视效果

（3）选择圆角矩形图层，按【Ctrl+Enter】键将路径转换为选区，向左下方移动选区，执行"选择 > 存储选区"命令，将新选区命名为"圆角矩形"。将此选区向左下方移动一定距离，执行"选择 > 载入选区"命令，参数设置为"从选区中减去"，建立新选区，给新选区填充刚才的咖啡色，按【Ctrl+D】键取消选区。如图2-43所示。

图2-43　建立新选区并填充颜色

分解任务六：矢量风格人物与透视圆角矩形融合

（1）将处理好的矢量风格人物图层拖拽到新建文档中，用魔棒工具选取背景白色将白色删除掉，如图2-44所示。

图2-44　将矢量风格人物图层拖拽到新建文档

（2）看一下图层面板，对图层进行名称修改和合并。选择"矢量人物"图层，按【Ctrl+T】键调整人物大小（按住【Shift】键可实现等比缩放），将矢量风格人物摆放到如图2-45所示位置。用多边形套索工具将多余的部分删除。

图2-45　将矢量风格人物放置于圆角矩形内

分解任务七：文字的变形

（1）选择文本工具，输入"老曾香排"四个字，字体为综艺简体，字号为48点，确定人物背景颜色为红色。选择该图层，用矩形选框工具框选"老"字，按住快捷键【Ctrl+J】，将该字图层面板提取到独立的图层1，更改图层的名称为"老"。其他三个字，按相同的方法分别生成名称为"曾""香""排"的三个独立图层。将"老曾香排"图层删除。如图2-46所示。

图2-46　分别生成"老""曾""香""排"四个独立图层

（2）调整四个字的间距。用钢笔工具绘制"鸡"图案，按【Ctrl+Enter】键将路径转换为选区，新建图层，背景填充红色，按【Ctrl+D】键取消选区，按【Ctrl+T】键调整大小。如图2-47所示。

图2-47　用钢笔工具绘制"鸡"图案

（3）加入英文，中英文搭配的效果会突显出国际化、全球化的理念。此外，从版面视觉效果来看，中英文搭配也会使版面看起来更美观。字母可以是文字信息表达的组成部分，也可以只作为图形。字母可以很直观地给读者传达文字信息，也可以承载颜色、图形及个性，作为视觉元素的一部分。最终效果如图2-48所示。

图2-48　最终效果

 小提示

这里对英文字体不做具体要求，只需要选择和中文字体在粗细上有对比效果的英文字体即可，图中"源自台湾"中文字的加入使字体在编排上更具有对比性，版面显得更加灵活。

2.3.4　钢笔工具使用方法总结 ▼

首先，用鼠标按住钢笔工具的按钮，我们将看见另一个工具栏的弹出，它们都属于钢笔工具，如图2-49所示。接下来逐一介绍它们的用法。

钢笔工具：常常用于绘制一些复杂的线条，用它可以画出很精确的曲线（见图2-50）。

图2-49　钢笔工具系列

图2-50　用钢笔工具画曲线

磁性钢笔工具：能像磁石一样把边吸住，不用自己费神慢慢描边。前提是物体的边缘非常清晰。

自由钢笔工具：画出的线条就像用铅笔在纸上画的一样。

添加锚点工具：可以在任何路径上增加新锚点。新锚点就是线上的那些小点。如图2-51所示。

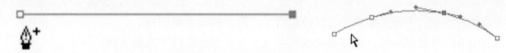

图 2-51 路径上的锚点

删除锚点工具：可以在路径上删除任何锚点。

直接选择工具：可以改变线的方向，如果线画错了，就可用它修改。

转换点工具：可以将一条光滑的曲线变成直线，如图 2-52 所示；反之亦然。

图 2-52 转换点工具

 小提示

　　在钢笔工具选择状态下，按【Ctrl】键就会切换到直接选择工具上，可以随时调整路径锚点的位置和曲线；随时按【Alt】键可更改锚点的属性。

2.4
标志设计资讯

Logo 设计的最终效果如图 2-53 所示。

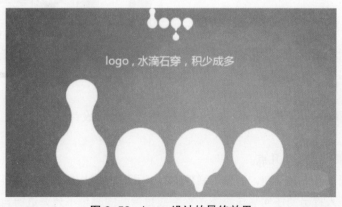

图 2-53 Logo 设计的最终效果

任意选择两组不相关的名词，将其视觉化。根据视觉化的图案，在三分钟内，快速地对元素进行重构、筛选，组合出一个完全新的图案。下面主要讲述怎样通过两步，三分钟做无限创意。

选取已有的创意内容做成图标，看似不相关的名词，在特定的环境下就会有新的含义。

2.4.1 第一步：两组奇葩名词 ▼

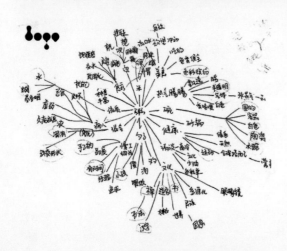

图 2-54 根据"粥"这个关键词进行的相关联想

做 Logo 设计时，往往都是两组或两组以上的元素相互堆叠后，进而设计出新的图形。

在设计 Logo 之初，我们往往会根据甲方或客户的信息，针对品牌进行市场调研，分析公司资料、服务体验、竞争对手、品牌市场认知等，结合企业的用户人群定位和品牌概念提炼几组精准关键词（品牌灵魂所在），然后根据这几组精准关键词进行头脑风暴。

进行头脑风暴的过程：收集想法——产生联想——进入创造——联想图案。

在进行头脑风暴的时候，根据关键词任意联想相关的词语，可以多层次地联想，不在乎质量，达到足够多的数量，也不要批判性地去评价联想到的词语。

比如根据"粥"这个关键词进行的相关联想如图 2-54 所示。

经过头脑风暴后，联想到了很多关于粥的设计元素，其中一个设计方案选取碗、勺子、流质的、欢乐的等关键词进行组合创意，最终设计出的方案如图 2-55 所示。

碗 　　 勺子 　　 笑脸

图 2-55 关于粥的一个设计方案

提取的关键字一定要精准，精准的关键词决定头脑风暴所联想的设计元素，设计元素决定设计传达的品牌调性。

在进行头脑风暴时需要记住以下几点。

（1）自由畅谈：主题不受任何限制，让思维联想发散，尽可能地提出不同视角的想法。

（2）禁止评论：对别人提出的任何想法都不予称赞或批评，同时也不允许进行自我批判，以免影响团队的

其他伙伴。

（3）追求数量：进行头脑风暴的目标是获得尽可能多的设想，追求数量是它的首要任务。在一定基础的量上，去寻找优质想法。

（4）二次联想：在他人的想法上再次进行联想，提出新的设想。

头脑风暴常用于团队，在没有条件的情况下，自我头脑风暴也是可行的。

通过头脑风暴最终得到的就是一个个根据关键词联想到的名词或形容词，再通过组合这些关键词就可得到一个 Logo 设计的元素概念组合。

所以，我们经常看见 Logo 设计说明下面都有几组关键词和关键元素，例如：为了做 Logo 与图形的深度研究，每天坚持做一个练创意的小 Logo，积少成多，那么设计元素自然会联想到水滴、水滴石穿等关键词。如图 2-56 所示。

图 2-56　关键词

如果跳过前期调研和头脑风暴，直接随意组合关键词，那么这些关键词是无意识的，所做的图标也是无设计理念的。当某天一个品牌概念的精准关键词和这两个名词一样时，就会知道所做图标的内涵了。

2.4.2　第二步：三分钟烧脑创意 ▼

之所以说"三分钟烧脑创意"，是因为主要想强调手绘的重要性。手绘是最具创造性的，大脑运转速度最快、思如泉涌的时候，手绘要能最快速地将脑海中的联想表现出来。在手绘过程中，不断地将上面两组名词视觉化，并自动地对图形进行重构、筛选、组合。如图 2-57 所示。

1. 重构

重构的过程就是视觉化名词的过程，上面的两组名词往往在脑海中已经有一个大概的模型了，所以拿到一个名词，脑袋里面要快速构建一个立体模型，开启上帝视角 720° 去观察物体形态，把脑海中的物体图形视觉化，画的每个点都一定是某个元素的关键特征。关键特征就是一个元素区别于其他元素的点，这一点往往是设计的重点。

视觉化不能局限于元素的形态轮廓，也包含元素的色彩、嗅觉、听觉、触觉、味觉。

图 2-57　手绘时，对图形进行重构、筛选、组合

视觉化需要从大量不同的视角进行手绘，一个元素可以从不同的角度去概括设计元素，比如 Logo 设计中常见的元素：狮子。如图 2-58 所示。

| 侧面 + 局部 | 正面 + 局部 | 侧面 + 全身 | 斜仰视 + 局部 |

图 2-58　Logo 设计中常见的元素：狮子

2. 筛选

筛选就是从大量不同的角度中，选择出两个元素能相互组合且凸显元素特征的角度。

对于上图中"狮子"这个元素，一般选取正面和侧面为其合适的角度，因为其他视图很难表现出狮子的形象特征。从上图中可以看出狮子最凸显的设计元素是前脸和蓬松的狮毛。

筛选的时候，一定要选出元素的关键记忆点，以防后期元素组合后元素的特征不明显。

3. 组合

将元素的相似部分进行组合，是 Logo 设计创意的关键所在。

设计元素的组合主要有以下几个常用的技巧：相离、相切、相交、包含。

（1）相离：

两组不同的元素之间互不干扰，只是简单地进行重组就能构成一个新的图形，例如：桃心 + 悟空，桃心加悟空的紧箍咒就构成了一张猴子的脸，同时猴子的脸也类似于桃心。如图 2-59 所示。

（2）相切：

两组元素共用一部分相同的边或元素，例如：小鸟 + 云，小鸟的尾巴和云朵共用一条边，从而两个元素产生关联，形成一个新的 Logo。如图 2-60 所示。

图 2-59　相离　　　　　　　　　　　　　　　　图 2-60　相切

（3）相交：

两组元素的部分相互重合，我中有你，你中有我。例如：USB+ 奶茶，整个 USB 通过接口与奶茶的杯口相结合，奶茶杯下半部分奶茶的标签与 USB 线相互结合，两个元素大面积的叠加，产生了一个新的图案。如图 2-61 所示。

（4）包含：

很多正负图形的创作手法大都基于包含方法。例如：3+ 烧脑，将"大脑"这个元素融入"3"这个图形中来，"3"的造型负形做成一个脑袋的样子，再加一点点闪电的元素，凸显快的感觉，最后再给脑袋画一个眼睛，这个 Logo 设计就完成了。如图 2-62 所示。

图 2-61　相交　　　　　　　　　　　　　　　　　　　　图 2-62　包含

2.4.3　总结 ▼

用好上面所讲的两步：头脑风暴 + 手绘草图，你也能三分钟做无限创意。只有想不到的元素，没有不能组合的元素，如果你想不到，再回头看看上面所讲的头脑风暴。

既能想到品牌理念，又能做组合设计元素，这就是无限创意！

简单算一下，就算只能想到两组关键词，每组元素选取两个设计外轮廓，运用两种设计手法，两两组合后至少有八个设计方案。舍弃一半，还有四个设计方案，何况一般设计提案只需三个设计方案。如图 2-63 所示。

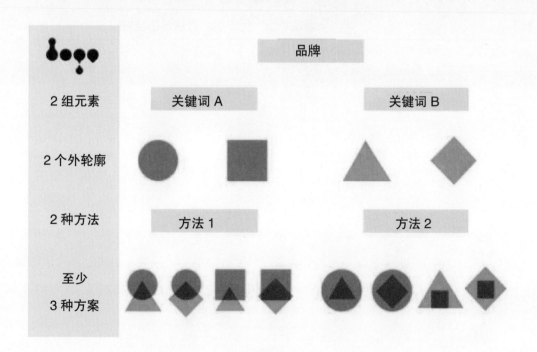

图 2-63　两组关键词至少生成八种设计方案

2.5
自评互评表

自评互评内容		自 评	小 组 评	教 师 评
学习态度	1. 课堂纪律			
	2. 听课情况			
	3. 完成进度			
软件操作掌握情况	1. 基本操作掌握情况			
	2. 技巧的运用			
制作效果				
合作交流	1. 听取意见及建议			
	2. 采纳意见及建议			
合计				
自我总结				
总评		指导教师意见		
说明		评定等级：优、良、合格、不合格。		

项目
3

平面广告设计

PINGMIANGUANGGAO
SHEJI

平面广告设计是用一些特殊操作处理一些数字化图像的过程，它是集计算机技术、数字技术和艺术创意于一体的综合内容。平面广告设计是以加强销售为目的所做的设计，是一种具有美感、使用功能与纪念功能的造形活动。本章以多个题材的平面广告设计为例，来讲解平面广告的设计与制作。

学习目标

- ●掌握平面广告的基本知识
- ●掌握平面广告的表现手段
- ●掌握用 Photoshop 制作平面广告的技巧
- ●掌握 Photoshop 的相关操作

3.1
平面广告的基本知识

3.1.1　平面广告的分类　▼

1. 户外广告

适于进行印象与知名广告，广告画面和文字力求简洁明快。

2. 招贴广告

旨在促动人们做出反应与行动，平面广告策划在表现形式上更注重简洁明快、新异、动感与形式感的处理。

3. 消费广告

须有动人的图片，能表现出使用者的地位、财富、才华与魅力，并给人以精神上的满足，从而形象地表现出产品价值。

宣传是广告的目的，这个目的决定广告必须是极其高度的概括，从远处吸引人们，在一瞬间即可将信息展示完整。因而平面广告在构图的基本结构上要简而明，尽量减略细节，让动人之处凝聚在一点。

3.1.2　构图　▼

在造型艺术中，往往将强烈的对比用于重要部分，构成画面的基本形式。

色调的不均衡可通过调整形体的大小进行弥补；形体的不均衡可通过调整色调的深浅进行弥补。

在构图中，往往会在运动的前方留有更多的余地，否则就有障碍感。

一般情况下，画面的高潮在于视觉中心，是节奏变化最强的部位。视觉中心并不一定是画面中央，而是视觉上最有情趣的中心。

总体架构决定构图的基本形式，它应对画面中一切复杂的形象做简洁的概括和归纳，排除杂乱，加强主体形象。

构图的基本结构形式要求极端简约，通常有以下几种。

（1）正置三角形：给人以沉稳、坚实的感觉。

（2）圆形：总体触觉柔和，具有亲切感。

（3）S形、V形：给人以晃晃不定的感觉，是活泼、有动感的基本结构形式。

（4）线条型：水平线型给人开阔、平静的感觉；垂直线型给人严肃、庄重、静寂的感觉。

3.2
平面广告的表现手段

1. 富于幽默法

广告作品中巧妙运用喜剧性特征，达到某种宣传效果，让人们在逗乐过程中记住此宣传。

2. 对比衬托法

把作品中所描绘的事物的性质和特点放在鲜明的对照和直接对比中来表现，借彼显此，互比互衬，利用对比所呈现的差别来形成集中、简洁、曲折变化的表现。这样加强了表现力度，而且饱含情趣，扩大了广告作品的感染力。

3. 合理夸张法

"夸张是创作的基本原则"，通过合理夸张法能更鲜明地强调或揭示事物的实质，加强作品的艺术效果。通过运用夸张手法，为广告的艺术美注入了浓郁的感情色彩，使产品的特征更鲜明、突出、动人。

4. 借用比喻法

以"此物喻彼物"来获得"婉转曲达"的艺术效果。比喻手法比较含蓄隐伏，有时难以一目了然，但一旦领会其意，便能给人以意味无尽的感受。

5. 连续系列法

连续系列的表现手法符合"寓多样于统一之中"这一形式美的基本法则，使人们于"同"中见"异"，于统一中求变化，形成既多样又统一、既对比又和谐的艺术效果，加强了艺术感染力。

6. 视觉冲击法

着力突出产品的品牌性和产品本身最容易打动人心的部位，运用色光和背景进行烘托，使产品置身于一个具有感染力的空间。

7. 突出特征法

运用各种方式抓住和强调产品或主题本身与众不同的特征，并把特征鲜明地表现出来。将这些特征置于广告画面的主要视觉部位或加以烘托处理，这样会使观众在接触言辞画面的瞬间即对其产生注意和发生视觉兴趣，达到刺激购买欲望的促销目的。

8. 以情托物法

"感人心者，莫先于情"，以美好的感情来烘托主题，真实而生动地反映审美感情就能获得以情动人的效果，发挥艺术感染人的力量。

9. 以小见大法

在广告设计中，对立体形象进行强调、取舍、浓缩，以独到的想象抓住一点或一个局部加以集中描写或延伸放大，来更充分地表达主题思想。这种以一点观全面、以小见大、从不全到全的表现手法，给广告设计者带来了很大的灵活性和无限的表现力，同时为广告接收者提供了广阔的想象空间，使其获得生动的情趣和丰富的联想。

10. 运用联想法

通过联想，人们在审美对象上想到自己或与自己有关的经验，这样美感往往显得特别强烈，从而使审美对象与审美者融合为一体，在产生联想过程中引发了美感共鸣，其感情总是激烈的、丰富的。

3.3
饮料广告

饮料广告设计的最终效果如图 3-1 所示。

图 3-1　饮料广告设计的最终效果

3.3.1　教学内容及目标　▼

教　学　内　容	目　　标
■修改图片，为滤镜做准备	■学会用画笔工具画黑白效果
■滤镜添加	■滤镜 / 风格化 / 凸出 ■滤镜 / 风格化 / 查找边缘 ■【Ctrl +I】（反向）命令 ■图层混合模式为"线性减淡" ■滤镜 / 模糊 / 径向模糊 ■重复执行"径向模糊"命令

3.3.2　分解任务与知识点对应表　▼

分　解　任　务	对应知识点
■背景图片的处理（一） （修改图片，为滤镜做准备）	■用画笔工具画黑白效果
■背景图片的处理（二） （利用图片的色调和自然肌理执行滤镜操作）	■滤镜 / 风格化 / 凸出 ■滤镜 / 风格化 / 查找边缘 ■【Ctrl +I】（反向）命令 ■图层混合模式为"线性减淡" ■滤镜 / 模糊 / 径向模糊

续表

分 解 任 务	对应知识点
	■重复执行"径向模糊"命令 ■【Ctrl+I】(反向)命令 ■混合模式改为"叠加" ■滤镜/风格化/查找边缘 ■混合模式改为"滤色"
■添加饮料瓶	■魔棒工具抠取，按【Ctrl+Shift+I】组合键建立相反的选区
■添加广告文字	■文本工具添加文字，文字变形

3.3.3 操作步骤 ▼

≫≫ 分解任务一：背景图片的处理（一）

（1）打开一幅图片素材，复制图层，隐藏原有图层，如图 3-2 所示。

（2）选择画笔工具（用不带柔边的画笔），设置前景色为白色，如图 3-3 所示。

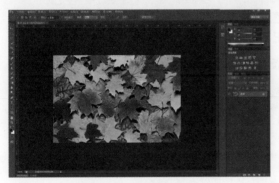

图 3-2　打开图片素材

图 3-3　设置前景色为白色，选择画笔

（3）用画笔随意在画面四周涂抹白色，如图 3-4 所示。

（4）设置前景色为黑色，用尖角画笔在画面中间随意涂抹几下，如图 3-5 所示。

图 3-4　在画面四周涂抹白色

图 3-5　在画面中间涂抹黑色

分解任务二：背景图片的处理（二）

（1）执行"滤镜＞风格化＞凸出"命令，参数和效果如图3-6所示。

图3-6 执行"滤镜＞风格化＞凸出"命令

（2）把任务一做的图层再复制一层，如图3-7所示。

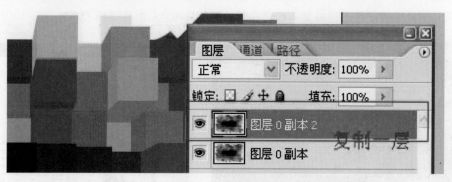

图3-7 复制图层

（3）执行"滤镜＞风格化＞查找边缘"命令，如图3-8所示。

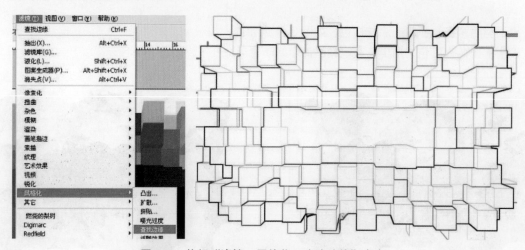

图3-8 执行"滤镜＞风格化＞查找边缘"命令

（4）按【Ctrl＋I】（反向）组合键，效果如图3-9所示。

（5）把刚才反向图层的混合模式改为"线性减淡"，效果如图3-10所示。

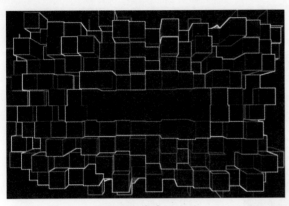

图 3-9　执行反向命令

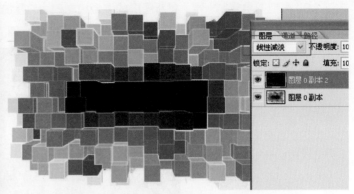

图 3-10　图层的混合模式改为"线性减淡"

（6）合并所有可见图层，执行"滤镜＞模糊＞径向模糊"命令，如图 3-11 所示。

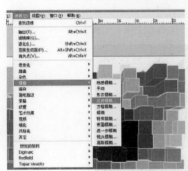

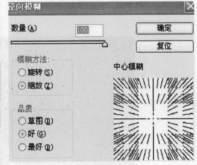

图 3-11　执行"滤镜＞模糊＞径向模糊"命令

（7）再次执行"径向模糊"命令。感觉效果不理想，再执行 2 次该命令，效果如图 3-12 所示。

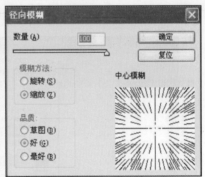

图 3-12　执行 3 次"径向模糊"命令后的效果

（8）按【Ctrl+I】组合键进行反向操作，如图 3-13 所示。

图 3-13　进行反向操作

（9）再把图层复制一层，将新图层的混合模式改为"叠加"，添加文字图层，输入文字"NIPIC"，如图3-14所示。

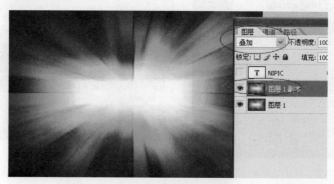

图3-14 将混合模式改为"叠加"

（10）合并图层后执行"滤镜>风格化>查找边缘"命令，记得备份。再次按【Ctrl+I】键进行反向操作。效果如图3-15所示。

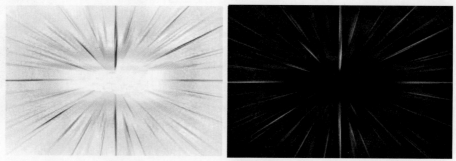

图3-15 合并图层后执行"滤镜>风格化>查找边缘"命令和反向操作

（11）把刚复制图层的混合模式改为"滤色"。感觉效果不明显，再复制一个图层，效果如图3-16所示。

图3-16 将混合模式改为"滤色"，且再复制一个图层

（12）背景图片处理完毕，效果如图3-17所示。

图3-17 背景图片处理完毕

分解任务三：添加饮料瓶

（1）打开饮料瓶素材图片。图片的背景色是单纯的白色，因此我们可以用魔棒工具直接单击背景白色，然后按【Ctrl+Shift+I】组合键，建立一个相反的选区，此时沿着饮料瓶创建选区，如图3-18所示。

图3-18　沿饮料瓶建立选区

（2）用选择工具将饮料瓶移动到任务二处理好的背景图片中，按【Ctrl+T】组合键将其处理到合适大小，摆放到如图3-19所示位置。

图3-19　将饮料瓶移入背景图

（3）选择饮料瓶所在的图层，执行图层面板的图层样式，选择"外发光"，"图素"参数中"大小"为18像素，瓶体有发光效果，如图3-20所示。

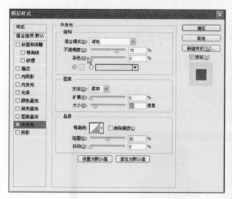

图 3-20　执行图层样式

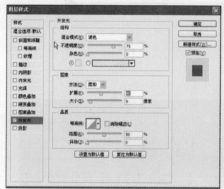　

分解任务四：添加广告文字

（1）利用文本工具输入文字"来点有劲儿的"，选择粗壮有力的字体，执行图层面板的图层样式，依然选择"外发光"，参数和效果如图 3-21 所示。

图 3-21　添加文字并做发光效果

（2）选择文本图层，单击属性栏中的"创建文本变形"按钮打开文本变形对话框，在"样式"下拉菜单中选择"扇形"，设置弯曲值为 30%，参数和效果如图 3-22 所示。至此结束饮料广告的制作。

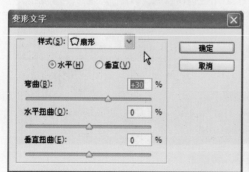　

图 3-22　创建文本变形

3.4
化妆品平面广告

化妆品平面广告设计的最终效果如图 3-23 所示。

图 3-23 化妆品平面广告最终效果

3.4.1 教学内容及目标 ▼

教 学 内 容	目　　标
■产品图片修图	■增加质感
■海报创意	■加背景 ■装饰 ■增强整体效果

3.4.2 分解任务与知识点对应表 ▼

分 解 任 务	对应知识点
■产品修图	■加强对比 ■图层混合模式
■加背景	■去水印
■加装饰，增强整体效果	■滤镜 / 镜头光晕 ■调整素材的色调、亮度、对比度、大小、位置

3.4.3 操作步骤 ▼

▶▶▶ 分解任务一：产品修图

（1）修图并不高深，只需要我们把握好光影，将产品修得自然生动，有细节和质感。而产品的光影在原图里已经有所体现。我们只需要对光影加强对比和明暗的过渡。

（2）原图比较灰。图灰的意思就是暗的不够暗，亮的不够亮，对比不够明显。对原图进行去色处理后，更容易观察图的明暗效果。可在图层上方建一个观察组，用渐变映射去色，如图 3-24 所示。

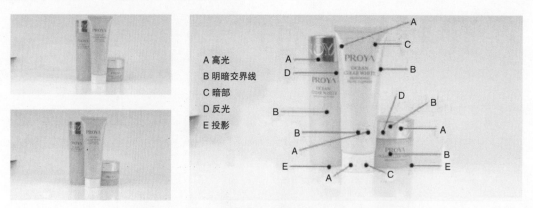

图 3-24　去色

（3）单独抠出化妆瓶的瓶盖部分，新建一个图层，渐变设置如图 3-25 所示。

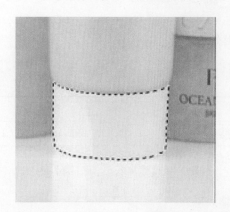
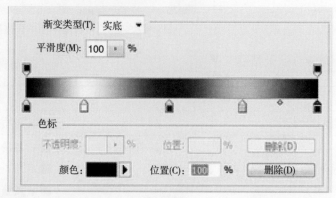

图 3-25　单独抠出化妆瓶的瓶盖部分并设置渐变图层

（4）图 3-26 为瓶盖处理过程图。图 1，拉黑白渐变效果；图 2，对渐变效果进行水平感模糊；图 3，瓶身拉渐变效果并动感模糊，透明度设置为 65%；图 4，对两个渐变混合模式选择"柔光"；图 5，新建一个图层，填充 50% 灰色，用白色画笔，透明度设置为 20%，加强高光，用黑色画笔加强明暗交界线。

图 3-26　瓶盖处理过程

（5）用上面的方法，将化妆瓶的每个部分单独抠出来，用黑白渐变，结合加深减淡工具处理细节。小瓶上的文字和瓶身中间的高光，用钢笔工具单独绘制出来，执行"钢笔描边 > 钢笔压力 > 确定"命令，模式选择"柔光"，记得进行稍微模糊处理，让产品看起来更自然；倒影，从原图里单独抠出来，放在新建的化妆品底层，模式选择"正片叠底"，如图 3-27 所示。

图 3-27　瓶体各部分的处理

>>> 分解任务二：加背景

（1）打开背景素材，用选区工具把文字选取出来，然后用自己喜欢的方法去水印，并调整图片的大小及位置，如图 3-28 所示。

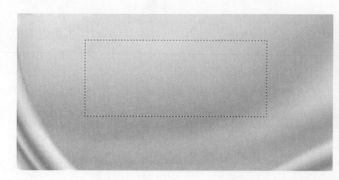

图 3-28　背景素材去水印

（2）把产品图片拖进来，用色相饱和度工具单独对背景图层进行调色，将其调成和化妆瓶同一个色系，如图 3-29 所示，色相参数为 -31。

图 3-29　调整背景颜色

>>> **分解任务三：加装饰，增强整体效果**

（1）在产品后面添加一束背景灯光，把产品和背景分离开，突出产品。新建黑色图层，模式选择"滤色"，然后执行"滤镜 > 渲染 > 镜头光晕"命令。记得对高斯光束进行模糊处理，这样光比较柔和自然。若光不够强就多复制几层，如图 3-30 所示。

图 3-30　添加一束背景灯光

（2）把素材"花"的图抠出来，放在产品和光的后面，处理好细节，调整到合适的大小和位置，如图 3-31 所示。

图 3-31　添加背景花

（3）在产品前面添加一朵花，增加层次感，这样看起来有前有后，如图 3-32 所示。再加高光，添加文案。最后锐化。

图 3-32　最终效果图

3.5 平面广告资讯

其实化妆品、珠宝、五金、手表等静物产品的修图手法技巧都差不多,应该举一反三利用好前述原理,并且要发挥得淋漓尽致。画笔工具、涂抹工具、加深减淡工具、高光、渐变工具、钢笔工具、描边和调色就可以满足很多修图爱好者的需求。

(1)打开原图,复制一层,这样做的好处是当操作出现错误时,可以用复制的原图进行补救。用钢笔工具对产品进行去背景处理,如图3-33所示。

图3-33 复制图层并对产品去背景

(2)根据产品结构,用钢笔工具将产品拆分为不同图层。用修补工具和印章工具去除杂点。分好结构层,然后根据产品的光影和产品材质的通透性来修补产品(高光和反光),加强产品的对比度和色彩饱和度,如图3-34所示。

产品结构图　　　　　　　　　　修前　　　　　　　　　　修后

图3-34 将产品按结构拆分成不同图层并去除杂点

3.6
自评互评表

评价项目		自 评	小 组 评	教 师 评
素材处理得有质感和光感				
画面组合美观				
色彩和版式美观				
合作交流	1. 听取意见及建议			
	2. 采纳意见及建议			
	合计			
自我总结				
总评		指导教师意见		
说明		评定等级：优、良、合格、不合格。		

项目 4

海报设计

HAIBAO
SHEJI

海报也称为"招贴""宣传画",是一种张贴在公共场合传递信息,以达到宣传目的的印刷广告。其特点是信息传递快、传播途径广、时效长,可连续张贴、大量复制。

海报分为商业海报、公益海报、主题宣传海报等,如图4-1所示。

图4-1　商业海报、公益海报、主题宣传海报

学习目标

- 掌握海报的表现方式
- 掌握海报的设计思路
- 掌握用 Photoshop 制作海报的方法和技巧

 **4.1**

海报的表现方式

1. 文字语言的视觉表现

在海报中,标题的第一功能是吸引潜在消费者注意,第二功能是促进潜在消费者形成购买意向,第三功能是引导潜在消费者阅读正文。因此,在编排画面时,把标题放在醒目的位置,比如视觉中心。在海报中,标语可以放在画面的任何位置,如果将其放在显要的位置,可以替代标题发挥作用。如图4-2所示。

图 4-2　文字语言的视觉表现

2. 非文字（图形）语言的视觉表现

在海报中，插画的作用十分重要，它比文字更具有表现力。插画主要有三大功能：吸引消费者的注意力、快速将海报的主题传达给消费者、促使消费者想进一步了解海报信息的细节，如图 4-3 所示。

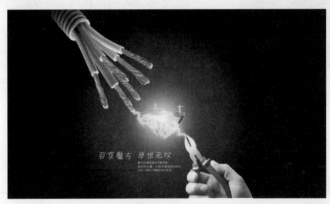

图 4-3　非文字（图形）语言的视觉表现

在海报的视觉表现中，要注意处理好图文比例的关系。进行海报的视觉设计时，以文字语言为主，还是以非文字语言为主，要根据具体情况而定。

4.2
海报的设计思路

1. 极简设计

海报的设计形式多种多样，不存在最好的设计，只有更加合适的设计。假如海报的运用场景周围充满了复杂的视觉元素，那么这时候简约或者极简的设计就会脱颖而出。如果你想设计一个简约或者极简的海报，需要确保所使用的元素是必要的，去掉那些不必要的元素，如图 4-4 所示。

2. 几何形状的组合

对于海报设计或者其他图形设计来说，几何形状的组合可以算是长盛不衰的设计元素。通过简单的几何形状组合，抽象也好，组合图形也罢，都可以创造出令人沉醉的图形海报设计。如图 4-5 所示。

3. 添加插画

没有图片可用？没关系！可以尝试将海报的主题绘制成插画，相对于图片来讲，插画具有更好的风格展现，可以刻意地诉说和传达独特的含义，如图 4-6 所示。

4. 使用颜色叠加

颜色叠加在网页设计中越来越多地被使用，当然它在海报或者其他图形设计中也可以成为一种出色的设计风格。如果照片本身的质量不是很高，这时可以通过颜色叠加来弥补照片的不足，如图 4-7 所示。

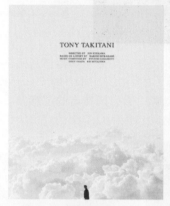   

图 4-4　极简海报　　　　图 4-5　几何图形海报　　　图 4-6　添加插画海报　　图 4-7　使用颜色叠加海报

5. 文字和图形穿插

目前十分火爆的风格，如果你已经厌倦漂浮在图片上的扁平文字，可以尝试将文字和背景图形穿插交织在一起，加深图形表现的深度，以此提升吸引力，如图 4-8 所示。

6. 复古风格

被我们忽略的过去总会有些很有价值的东西，在设计方面尤为如此，复古设计会唤起我们曾经的一些珍贵回忆，如图 4-9 所示。

7. 负空间设计

如果你能够巧妙地玩转创意，不妨使用负空间进行设计，效果肯定会令人震撼。负空间所隐藏的图形，会更加令人难忘，并充满趣味性，如图 4-10 所示。

8. 合理应用边框线

如果你觉得自己的设计元素不够，或者缺少些细节，不妨添加些边框线。合理应用的边框线不仅能够将受众的视线引导在重点信息上，同时也能成为不错的装饰元素，如图 4-11 所示。

图 4-8　文字和图形穿插海报　　图 4-9　复古风格海报　　图 4-10　负空间设计　　图 4-11　合理应用边框线

 ## 4.3

娉婷舞蹈工作室海报

娉婷舞蹈工作室海报设计的最终效果如图 4-12 所示。

图 4-12　娉婷舞蹈工作室海报设计的最终效果

4.3.1　教学内容及目标　▼

教 学 内 容	目　标
■钢笔工具	■能熟练用钢笔工具创建路径
■滤镜	■能熟练应用滤镜 ■风格化 / 风 ■模糊 / 动感模糊 ■扭曲 / 极坐标

4.3.2　分解任务与知识点对应表　▼

分 解 任 务	对应知识点
■发光线条	■用钢笔工具创建路径 ■图层样式
■绘制羽毛	■风格化 / 风 ■模糊 / 动感模糊 ■扭曲 / 极坐标
■加入文字	■用形状工具创建圆角矩形

4.3.3 操作步骤 ▼

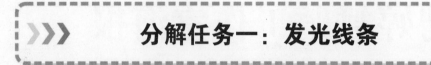

（1）新建文件，1440像素×900像素，分辨率为72像素/英寸，命名为"羽毛壁纸"，编辑渐变填充，保存，如图4-13所示。

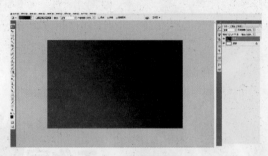

图4-13 渐变背景

（2）选择工具箱中的钢笔工具，并且在选项栏中单击"路径"按钮，如图4-14所示。

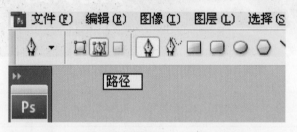

图4-14 在选项栏中单击"路径"按钮

（3）在图像窗口中单击确定起点锚点，再移动鼠标指针到第二点处，按住鼠标左键向所需的方向拖动，调整方向和弧度，调整好后松开鼠标左键，则以曲线连接了两个锚点，继续点击鼠标左键，并拖拽，生成另一段弧线，如图4-15所示。

图4-15 用路径工具绘制曲线

（4）接下来，鼠标指针继续向前移动，刚开始不要点击拖拽，而是直接点击，多点击几次，到适当的位置后再点击拖拽，生成弧线效果，如图4-16所示。

图 4-16　生成弧线效果

（5）接下来，创建平滑的曲线效果。注意，如果创建的锚点位置不理想，可以在创建完锚点以后，按住键盘的【Ctrl】键，用鼠标调整所创建锚点的位置，按【Ctrl+Enter】组合键将路径转换为选区。最后得到的效果如图 4-17 所示。

图 4-17　将路径转换为选区

（6）建立新图层，将其命名为"发光线条 1"，填充白色，并为该图层添加外发光效果，如图 4-18 所示。

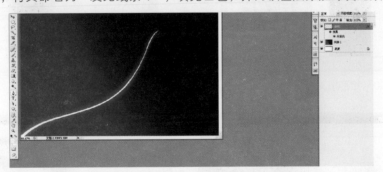

图 4-18　新建图层并添加外发光效果

（7）接下来用同样的方法创建其他发光线条。注意：线条的绘制要美观，组合在一起要协调，如图 4-19 所示。

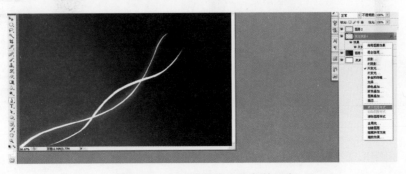

图 4-19　创建其他发光线条并组合

▶▶▶ 分解任务二：绘制羽毛

（1）新建一个文件，参数自己定义，然后新建一个图层，将其命名为"图层1"，用矩形工具画一个长方形，填充为黑色，然后取消选区，如图4-20所示。

（2）选中图层1，执行"滤镜 > 风格化 > 风"命令，选择大风。执行"滤镜 > 模糊 > 动感模糊"命令，数值为33，确定后按【Ctrl + F】组合键加强几次。效果如图4-21所示。

（3）按【Ctrl + T】组合键变换位置，再用矩形选框工具选取一边，然后按【Delete】键删除，如此做好羽毛的一边后，另一边复制就可以了，如图4-22所示。

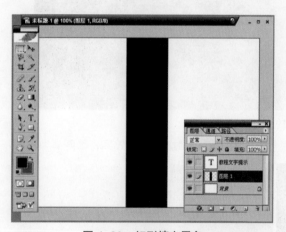

图4-20 矩形填充黑色

图4-21 多次执行"滤镜 > 风格化 > 风"命令

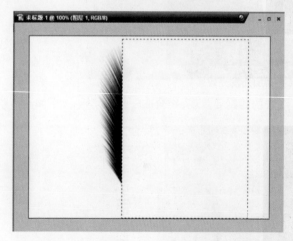

图4-22 生成羽毛

（4）新建图层，用矩形工具绘制一个长条形，然后填充与羽毛颜色相近的色彩，放到羽毛的上方，然后把整个完整的羽毛层合并，如图4-23所示。

（5）可以随意将羽毛的颜色换成自己想要的色彩。如果想要变形的话，可以执行"滤镜 > 扭曲 > 切变"命令，如图 4-24 所示。

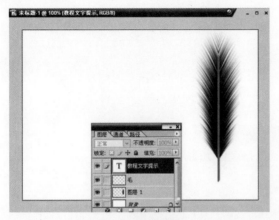

图 4-23　制作羽毛杆

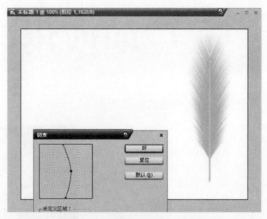

图 4-24　执行"滤镜 > 扭曲 > 切变"命令

分解任务三：加入文字

输入"娉婷舞蹈"四个字，字体选择"方正粗倩简体"，调整到合适的字号，字体颜色为白色。选择工具箱中的圆角矩形工具，设置圆角半径为 5 像素，绘制如图 4-25 所示的圆角矩形。在圆角矩形内输入文字"工作室"，字体颜色为黑色，调整字号大小。可以一个字一个字地输入，这样调整字的间距会更方便些。再用文本工具拖个文本框，在文本框里输入联系信息、电话等，字号要足够小，调整到合适位置。最终效果如图 4-25 所示。

图 4-25　最终效果

4.4
产品海报

产品海报设计的最终效果如图 4-26 所示。

图 4-26　产品海报设计的最终效果

4.4.1　教学内容及目标　▼

教 学 内 容	目　标
■蒙版的实际应用	■掌握蒙版融合图像的具体操作方法
■滤镜的应用	■高斯模糊
■图层模式	■柔光 ■滤色

4.4.2　分解任务与知识点对应表　▼

分 解 任 务	对应知识点
■初步去除瑕疵	■修补工具 ■仿制图章工具
■适当调亮画面	■曲线（【Ctrl+M】）
■为磨皮区域建立选区	■用套索工具或者钢笔工具
■使皮肤变白皙	■高斯模糊 ■蒙版

续表

分 解 任 务	对应知识点
■上妆	■图层蒙版 ■图层模式 ■编辑渐变填充
■梦幻效果	■添加素材 ■图层模式
■添加文字	■图层样式文字描边、图层样式斜面和浮雕

4.4.3 操作步骤 ▼

分解任务一：初步去除瑕疵

（1）打开图片，双击解锁，复制图层，如图 4-27 所示。

图 4-27 复制图层

（2）用污点修复画笔工具，在皮肤上瑕疵位置点击，去除明显瑕疵，可以适当放大处理，如图 4-28 所示。

图 4-28 用污点修复画笔工具去除明显瑕疵

分解任务二：适当调亮画面

利用【Ctrl+M】组合键适当调亮画面效果，如图 4-29 所示。

图 4-29　适当调亮画面

 小提示

曲线是改善图像质量的多种方法中的首选方法。

分解任务三：为磨皮区域建立选区

复制图层，在新图层中建立要磨皮的选区，如图 4-30 所示。

图 4-30　建立磨皮选区

分解任务四：使皮肤变白皙

（1）对选区执行"滤镜＞模糊＞高斯模糊"命令，如图 4-31 所示。

图 4-31 执行"滤镜 > 模糊 > 高斯模糊"命令

（2）图层面板下方，单击"添加图层蒙版"按钮，为选区添加图层蒙版，如图 4-32 所示。

图 4-32 添加图层蒙版

（3）选择画笔工具，设置硬度为 0%，适当大小，将前景色设置为纯黑色，在蒙版中根据具体位置进行涂抹。例如，眼睛、嘴巴、眉毛等部位是完全显现的，要用纯黑色，其他边缘的地方根据具体情况选择不同级别的灰色，如图 4-33 所示。

图 4-33 用黑色画笔在蒙版上涂抹

小提示

在涂抹过程中，要确保是在蒙版中涂抹而不是在图层中，还要根据具体位置不断修改画笔直径和前景色灰度。纯黑色代表完全透明，纯白色代表完全显示，而中间的灰度级别则代表不同的透明度。

（1）抹腮红：新建图层，将其命名为"腮红"，按图中的大概位置，用套索工具圈出一个范围，按【Shift+F6】组合键进行羽化，数值为20，填充颜色的色号为#f4adbc，图层模式为柔光。用同样的方法为另一侧脸抹腮红，如图4-34所示。

（2）涂唇彩：用钢笔工具或者套索工具建立唇部的选区，如图4-35所示。

图4-34　抹腮红

图4-35　建立唇部选区

（3）新建图层，将其命名为"唇彩"，编辑渐变色，填充渐变色，设置图层模式为柔光，如图4-36所示。

图4-36　编辑渐变色填充

（4）为唇彩图层添加蒙版，用适当的画笔进行涂抹，使嘴唇边缘更自然，如图4-37所示。

（5）为眼睛和头发增色：新建图层，编辑线性渐变，填充渐变色，如图4-38所示。

图4-37　添加蒙版，用画笔涂抹

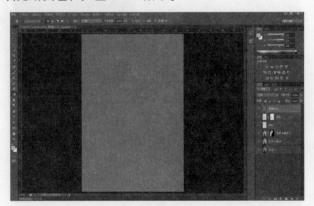

图4-38　线性渐变

（6）为新建图层添加蒙版，用合适的画笔工具进行涂抹，注意随时用【X】键切换前景色和背景色，如图4-39所示。

（7）图层模式设置为柔光，再用画笔工具在蒙版中进行适当涂抹，以修改不足之处，如图4-40所示。

图4-39 添加蒙版，用画笔工具涂抹

图4-40 适当涂抹，修改不足

分解任务六：梦幻效果

（1）梦幻效果：拖入素材，图层模式为滤色。因为素材比图小，需要改变大小，所以要复制一层，如图4-41所示。

（2）添加图层蒙版，用黑色画笔涂抹皮肤部分，如图4-42所示。

图4-41 图层模式为滤色，复制一层

图4-42 添加图层蒙版，涂抹皮肤

分解任务七：添加文字

（1）输入文字"微整形"，选择图层面板下方的"添加图层样式"，然后选择"描边"，以此来调整描边宽度，采用白色描边，如图4-43所示。

（2）在文字"微整形"下方输入文字"逆转时光回复青春"，设置图层样式为浮雕效果，适当调整参数。继续输入英文，中英文搭配的排版效果会更好。最终效果如图4-44所示。

图 4-43 添加文字"微整形"　　　　　　　图 4-44 最终效果

4.5
系列环保能源海报

系列环保能源海报设计的最终效果如图 4-45 所示。

图 4-45 系列环保能源海报设计的最终效果

4.5.1 教学内容及目标 ▼

教 学 内 容	目　　　标
■根据给定的效果图查找相关素材	■提高根据创作作品查找资料的能力
■图片的处理	■抠图 ■光 ■色 ■合成
■图片的融合	■蒙版
■版面的设计	■文字、图片的搭配与组合

4.5.2 分解任务与知识点对应表 1 ▼

分 解 任 务	对应知识点
■查找图片资料	■在互联网上直接搜索关键字，注意关键字的设置
■处理图片，调整图片的色调和光感	■曲线命令【Ctrl+M】
	■色相饱和度
	■图层混合模式
■图片融合	■蒙版
■添加文字设计版面	■文本工具，版面设计

4.5.3 操作步骤 ▼

 分解任务一：查找图片资料

针对第一幅图，我们需要查找的素材有"手""树叶""小树""蓝天白云""草坪"。我们可以直接在百度中文搜索引擎中查找，输入这些关键字，选取分辨率相对高一些的图片，这样可以保证我们的制作效果。在搜索"手"的图片时，我们可以加上"素材"二字，这样搜索出来的图片的分辨率会相对高一些，如图4-46所示。

图 4-46　查找素材

小提示

如果找不到和图中一样的手势，可以选用其他的代替。只要画面能配合好，表达出意思就可以了。

》》》分解任务二：处理图片，调整图片的色调和光感

（1）新建文档，800 像素 ×320 像素，分辨率为 72 像素 / 英寸，命名为"健康环境从我做起"，保存。将蓝天白云素材拖入文档，摆放到合适位置，如图 4-47 所示。

（2）用钢笔工具建立路径，如图 4-48 所示。

图 4-47　将蓝天白云素材拖入文档

图 4-48　用钢笔工具建立路径

（3）按【Ctrl+Enter】组合键将路径转换为选区，按【Delete】键将选区内容删除，如图 4-49 所示。

（4）选择工具箱中的仿制图章工具，按【Alt】键在画面中复制一个位置，然后涂抹空白处，注意这里是要复制一些白云的区域，如图 4-50 所示。

图 4-49　删除选区内容

图 4-50　复制白云

（5）新建一个图层，用矩形选框工具绘制矩形选区，编辑渐变填充，设置为线性渐变，在图层中填充此线性渐变，图层模式保持不变，给图层添加蒙版，用画笔工具将边缘与背景融合，如图 4-51 所示。

（6）按【Ctrl+M】组合键调整图片的亮度，如图 4-52 所示。

图 4-51　边缘与背景融合

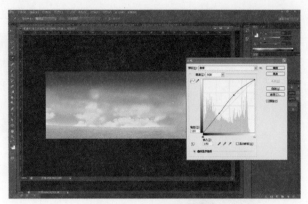

图 4-52　调整图片的亮度

分解任务三：图片融合

（1）打开小树素材，双击解除锁定，为图层添加图层样式混合选项，调整混合色带的参数，将小树的背景去掉，如图 4-53 所示。

（2）用套索工具将小树抠取出来，移动到文档中，调整到适当大小，摆放到合适位置，如图 4-54 所示。

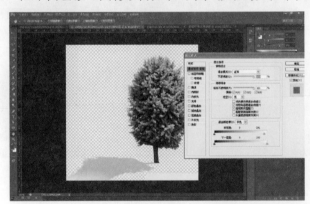

图 4-53　添加图层样式，去背景

图 4-54　将小树移动到文档中

（3）将手素材抠取出来，放到文档中，摆放到合适位置，如图 4-55 所示。

图 4-55　将手放到文档中

（4）将叶子素材抠取出来，放到文档手心处，调整到合适大小和方向，如图4-56所示。

图4-56 加入叶子

（5）为叶子图层添加蒙版，用画笔工具在叶子与手的交接处进行涂抹，如图4-57所示。

（6）用椭圆选框工具建立椭圆选区，单击工具栏中的"从选区中减去"按钮，在椭圆选区上再建立一个椭圆选区，形成一个细细的月牙形效果，如图4-58所示。

图4-57 添加蒙版，涂抹叶子和手的交接处

图4-58 建立月牙形选区

（7）填充白色，滤镜菜单下执行"高斯模糊"命令，形成如图4-59所示的效果。

（8）将此高斯模糊对象反复复制多个，利用【Ctrl+T】组合键调整大小和方向，如图4-60所示。

图4-59 执行"高斯模糊"命令

图4-60 复制多个高斯模糊对象

（9）复制若干叶子图层，调整大小和方向，如图4-61所示。

图 4-61 复制多个叶子，调整大小和方向

>>> 分解任务四：添加文字设计版面

（1）输入文字"健康环境 从我做起"，字体为方正中倩简体，字号为30点，字色为白色，如图4-62所示。

图 4-62 输入文字

（2）在文字"健康环境 从我做起"下方再添加一些文字，增加画面的层次感。至此，第一幅海报制作完成，文件令存，选择 *.jpg 格式存储，如图 4-63 所示。

图 4-63 最终效果

4.5.4　分解任务与知识点对应表 2　▼

分　解　任　务	对应知识点
■查找图片资料	■在互联网上直接搜索关键字，注意关键字的设置
■在原有文档的基础上进行修改	■删掉没用的图层
■修改文字	■在原有文字图层上进行修改
■生成第二幅海报	■图片另存

4.5.5　操作步骤　▼

分解任务一：查找图片资料

针对第二幅图，我们要查找的素材有"热气球""草地""手势""垃圾桶"，如图 4-64 所示。

图 4-64　查找素材

分解任务二：在原有文档的基础上进行修改

（1）复制一份原文档并打开，保留蓝天素材、小树素材、文字图层，其余内容全部删除掉，文档另存为"垃圾分类　资源回收"，将小树素材复制若干个，调整到合适大小并摆放，如图 4-65 所示。

图 4-65　添加小树素材

（2）将草地素材拖入文档，用矩形选框工具删除部分草地，如图 4-66 所示。

图 4-66　删除部分草地

（3）为新的草地图层添加蒙版，融合图像的边缘，利用【Ctrl+M】组合键调整草地的亮度，使画面更具层次感，如图 4-67 所示。

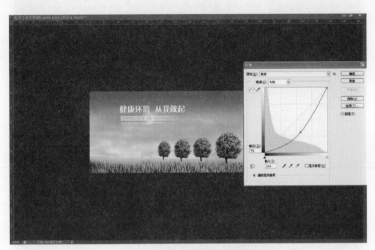

图 4-67　调整草地的亮度

（4）利用【Ctrl+T】组合键调整草地的透视效果，用画笔工具继续在蒙版中进行涂抹，使草地的边缘融合自然，注意体现"近处暗远处亮"的特点，可以用加深减淡工具进行适当修改，如图 4-68 所示。

图 4-68　处理草地

（5）将垃圾桶素材和热气球素材抠取出来，加入文档中，调整到合适大小，摆放到合适位置，如图 4-69 所示。

图 4-69　加入垃圾桶素材和热气球素材

（6）最后将手素材抠取出来，放入文档中，利用【Ctrl+M】组合键调整亮度，如图 4-70 所示。

图 4-70　加入手素材

分解任务三：修改文字

在工具箱中选择文本工具，回到文字图层，双击"健康环境　从我做起"文字图层，输入"垃圾分类　资源回收"字样，不用修改文字的字体、字号和颜色，直接将原有的图层文字替换掉就可以了，如图 4-71 所示。

图 4-71　替换原有的文字

分解任务四：生成第二幅海报

将文档另存为 *.jpg 格式。至此，第二幅海报也做好了，两幅海报对比一下，看是否协调，如图 4-72 所示。

图 4-72　两幅系列环保海报

4.5.6　设计资讯　▼

1. 给地球添加植被的处理

步骤如下：

（1）找到如图 4-73 所示的地球素材和草皮素材。

图 4-73　找素材

（2）打开草皮素材，执行"编辑＞定义图案"命令，命名为"草皮"，如图 4-74 所示。

（3）用快速选取工具在地球素材上选择陆地部分，大致选取即可，新建图层，执行"编辑＞填充"命令，如图 4-75 所示。

图 4-74 草皮定义图案

图 4-75 填充图案

（4）在接缝的地方用仿制图章工具复制、修改效果，如图 4-76 所示。

（5）为该图层添加投影效果，如图 4-77 所示。

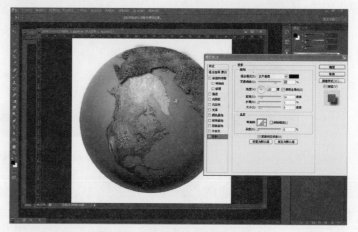

图 4-76 处理接缝处

图 4-77 为图层添加投影效果

（6）依此方法制作其他部分，调整细节即可。最终效果如图 4-78 所示。

图 4-78 最终效果

4.6
电商海报

电商海报设计的最终效果如图 4-79 所示。

图 4-79　电商海报设计的最终效果

4.6.1　教学内容与目标　▼

教 学 内 容	目　标
■设计思维	■多研究好作品，以此开拓设计思维，提高创意能力
■将设计创意转化为效果图	■素材的搜集 ■素材的加工 ■素材的合成 ■最后效果的驾驭

4.6.2　分解任务与知识点对应表　▼

分 解 任 务	对应知识点
■勾树干	■钢笔工具
■填充素材	■【Ctrl+T】，加深减淡工具
■添加素材	■抠图
■背景加镜头光晕	■滤镜 / 高斯模糊，滤镜 / 镜头光晕

4.6.3　操作步骤　▼

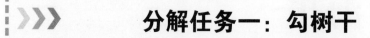

用钢笔工具勾画树干的形状，如图 4-80 所示。

图 4-80　勾画树干

分解任务二：填充素材

（1）往画好的树干形状里填充树皮素材，将树皮素材嵌入不同位置并进行变形处理，得到如图 4-81 所示的效果。

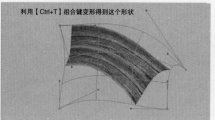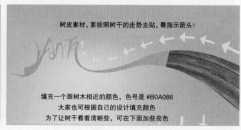

图 4-81　嵌入树皮素材

（2）千万不要如图 4-82 所示这样嵌入树皮素材。

图 4-82　不要这样嵌入树皮素材

（3）加深减淡工具处理，给树皮素材添加图层叠加模式，如图 4-83 所示。

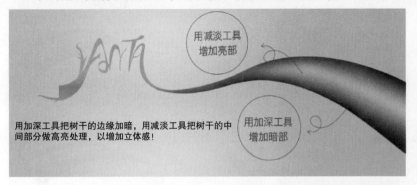

图 4-83　加深减淡工具处理

分解任务三：添加素材

把需要的素材抠取出来，添加到相应的位置，如图 4-84 所示。

图 4-84　添加素材

分解任务四：背景加镜头光晕

为了防止背景过于单调，我们通常会找一些符合主题的图片，然后高斯模糊，透明化使用就可以了。在光源最亮的部分，执行"滤镜 > 渲染 > 镜头光晕"命令，让画面的色彩层次更加丰富，如图 4-85 所示。

无背景无镜头光晕的!

图 4-85　背景处理

4.6.4　设计资讯　▼

　　下面以设计奇幻风格电商宣传海报为例，讲解创意设计过程。

　　为客户做了两张秋季新品发布的创意广告图，客户想要奇幻的感觉效果，想在图片中出现大自然的精灵。我个人觉得万物都是大自然的精灵，鹿比较优雅有气质，这点比较符合女性，所以就大胆尝试了下。最终效果如图 4-86 所示。

图 4-86　最终效果

　　操作步骤如下：

　　（1）找一些合适的参考素材，如图 4-87 所示。

图 4-87　鹿的素材

（2）因为没想做特别复杂的，所以直接找素材，如图 4-88 所示。

图 4-88　找各种素材

（3）本次设计最难的部分在于鹿角，所以我这次先从鹿角开始而不是大背景。我们分析一下鹿角，如果想让鹿角长得很长，且长得像树枝，可以先去互联网上找树干素材，然后用树干素材替换鹿角素材，如图 4-89 所示。

这个步骤比较烦琐，特别是抠取鹿的毛发和很细的树枝时，更易烦躁，只要稍微坚持一下就可以了。强化鹿角的时候最考验大家的造型能力，这里除了添加细树枝以外，还要用手绘板画更细的树枝，如图 4-90 所示。

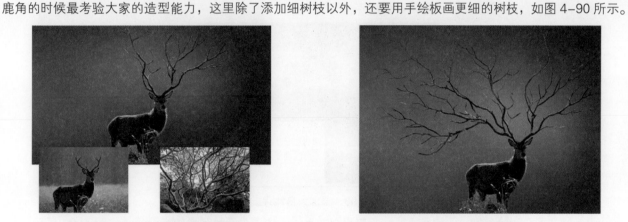

图 4-89　树干素材替换鹿角素材　　　　　　　　　　图 4-90　抠取素材

（4）把之前准备好的鸡蛋花素材抠取出来，抠干净了，一点点、一片片地去点缀，如图 4-91 所示。

图 4-91　添加鸡蛋花素材

（5）鹿的轮廓还是有点看不清楚，此时就要考验大家的修图能力了，我这里用 DB 修图方法，让亮部更亮就可以了，如图 4-92 所示。

 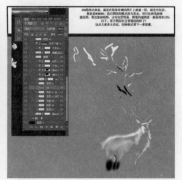

图 4-92 让亮部更亮

💡 **小提示**

　　DB 修图方法：在要处理的图片上新建一层，填充中间灰，色号是 #808080。然后将图层模式改为柔光，用白色画笔涂抹鹿的亮部，用黑色画笔涂抹鹿的暗部，让对比更明显，画笔的透明度一般为 15%。

（6）添加一个非常美的大自然背景，如图 4-93 所示。

图 4-93 添加大自然背景

（7）添加两只小蜂鸟素材，随意抠取一下就可以放上去，主要为了稍微增加点灵气，如图 4-94 所示。

图 4-94 添加小蜂鸟素材

（8）添加模特素材。目前，模特的色彩显然不适合当前的景色，需要修图。依然使用DB修图方法，如图4-95。

图 4-95 调色修图

（9）草地有点泛黄，我想让它更唯美一些，所以调整了一个紫色出来！模特的肤色也往环境色调整了一下，主要用的是色彩平衡工具，如图4-96所示。

图 4-96 调整色彩

（10）加文案之后盖印图层，给一个油画滤镜效果，如图4-97所示。

若效果比较重，降低下透明度就可以了

图 4-97 添加油画滤镜效果

4.7
自评互评表

评 价 项 目		自　评	小　组　评	教　师　评
素材处理得有质感、光感				
画面组合美观				
色彩搭配和版式设计美观				
合作交流	1. 听取意见及建议			
	2. 采纳意见及建议			
合计				
自我总结				
总评		指导教师意见		
说明		评定等级：优、良、合格、不合格。		

项目 5

网页设计

WANGYE SHEJI

网页设计前期，需要通过 Photoshop 设计出一个效果图，比如网站的首页效果图。效果图设计好后，需要利用 Photoshop 切割出一小块的图片来，以供后续进行网页的排版。此外，后续涉及图片处理时仍需要在 Photoshop 里进行操作。

● 掌握网页效果图的设计思路
● 掌握网页效果图的设计技巧
● 掌握用 Photoshop 制作网页效果图的技巧

 **5.1**

网页效果图的设计思路

制作一个好的网页，需要花费大量的时间。网页包含的内容非常多，其中有按钮、横幅、图标及其他素材等。制作网页的时候，先规划好大致框架，然后由上至下慢慢细化各部分的内容，注意好整体搭配。

一个优雅的网页设计可能符合设计者的文件夹类型站点的需求，但是可能要根据各种各样的原因进行改变。这一切取决于网页要有良好的版面、结构化的布局及具有视觉吸引力的背景。

一个网页在制作前，需要确定网站风格、网站主题和主色调，在没有确切的方案前，最好不要贸然动手制作，不然最后很可能会以失败而告终。

一般情况下，网页效果图的设计流程为：根据产品编故事 > 根据故事找素材 > 根据素材想象场景 > 着手制作。

 **5.2**

金属水晶效果按钮

金属水晶效果按钮设计的最终效果如图 5-1 所示。

图 5-1　金属水晶按钮效果图

5.2.1　教学内容及目标　▼

教　学　内　容	目　　标
■形状工具组	■用形状工具创建形状
■图层样式	■掌握应用图层样式的技巧
■编辑光感	■掌握编辑光感生成效果的营造方法

5.2.2　分解任务与知识点对应表　▼

分　解　任　务	对应知识点
■金属底盘	■图层样式内阴影 ■图层样式斜面和浮雕 ■图层样式渐变叠加
■内圈胚胎	■设置投影 ■内阴影 ■斜面和浮雕 ■渐变叠加
■光效（外泛光、内部光、内部反光、环境光、泛光）	■画笔工具 ■图层模式 ■蒙版 ■滤镜／高斯模糊
■浮雕效果、弧形文字、底盘阴影	■椭圆工具（路径） ■文字工具 ■滤镜／高斯模糊

5.2.3 项目实施 ▼

制作之前，先拆分金属水晶效果按钮，其大致由以下几部分构成，如图 5-2 所示。

图 5-2 项目分析

图层样式是 Photoshop 特效的重要组成部分，也是 Photoshop 中非常重要的功能。在本项目中，我们学习图层样式中的各项属性，包括等高线的把握、光泽的调整等，通过对这些技巧的掌握，更好地发挥 Photoshop 强大的绘制设计功能。

》》》 分解任务一：金属底盘

（1）新建大小合适的文档，新建一个图层，用椭圆选框工具画一个正圆选区，填充黑色，如图 5-3 所示。
（2）单击图层面板下方的"添加图层样式"按钮，选择"内阴影"，为图层添加内阴影，如图 5-4 所示。

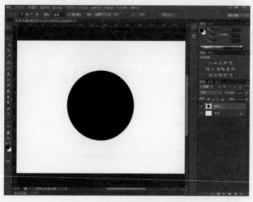

图 5-3 填充黑色的正圆　　　　　　　图 5-4 图层样式内阴影面板

（3）继续单击"添加图层样式"按钮，选择"斜面和浮雕"，如图 5-5 所示。

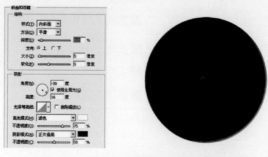

图 5-5 图层样式斜面和浮雕面板及效果

（4）按相同的方法继续添加图层样式渐变叠加，如图5-6所示。

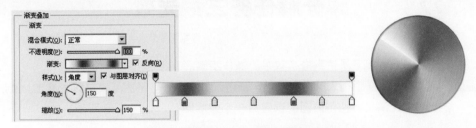

图5-6　图层样式渐变叠加面板及效果

分解任务二：内圈胚胎

（1）接下来，我们开始做内圈胚胎，用椭圆选框工具画一个正圆选区，比底盘稍微小一点，填充黑色，如图5-7所示。

图5-7　创建正圆选区

（2）添加图层样式投影、内阴影、斜面和浮雕、渐变叠加，如图5-8所示。

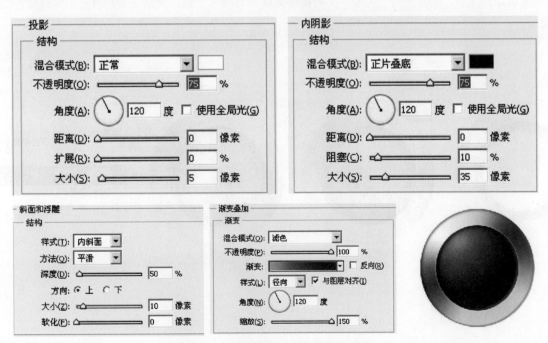

图5-8　图层样式的参数设置及效果

分解任务三：光效

下面开始给内圆添加细节，以下是达到最初效果的操作步骤。

（1）新建图层"光点"，用一个稍大的白色画笔，在内圆上点一下，将图层模式改为叠加，然后复制"光点"图层2次。注意：要想防止光溢出，使用内圆的选区做一个蒙版即可，如图5-9所示。

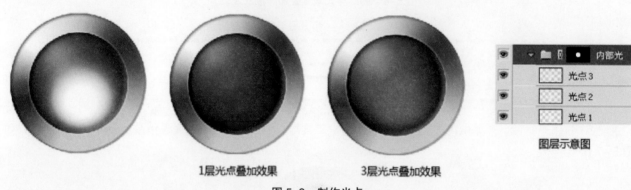

1层光点叠加效果　　　　　　3层光点叠加效果

图5-9　制作光点

💡 **小提示**

1. 画笔的使用：选择工具箱中的画笔工具，右键在文档中点击，在菜单中调整画笔的大小和硬度。

2. 蒙版的使用：按住【Ctrl】键，单击缩略图加载选区，新建图层，单击图层下方的"蒙版"按钮，生成图层蒙版，蒙版内的区域是可编辑区域。

（2）继续添加光感，新建图层"内圆"，用椭圆选框工具画一个圆，用渐变工具填充，并设置图层的混合模式为叠加，不透明度为30%，如图5-10所示。

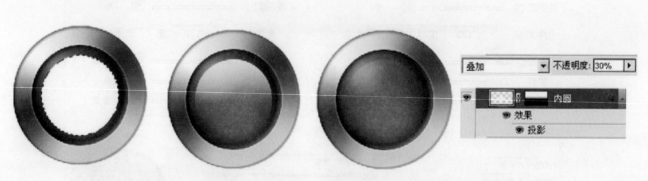

图5-10　增加光感

（3）添加阴影效果，如图 5-11 所示。

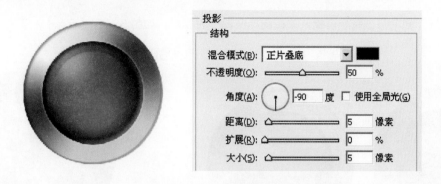

图 5-11　添加阴影效果

（4）再次丰富细节：添加环境光和泛光，如图 5-12 所示。

使用钢笔工具描个半月形，然后高斯模糊即可。图层模式为叠加

这 2 个光的制作方法，前面已讲。图层模式为叠加，透明度为 50%

使用变形工具改变形状即可。用黄色的画笔工具，图层模式为滤色，透明度为 50%

图 5-12　添加环境光和泛光

（5）添加窗户反光效果，执行"编辑 > 变换 > 变形"命令，调整到如图 5-13 所示效果。

图 5-13　添加窗户反光效果

（6）用钢笔工具画一个圆形的路径，然后用字体工具点击一下路径，在路径上输入需要的文字即可，如图5-14所示。

（7）新建图层，画个圆，高斯模糊，放在图标底部作为投影，如图5-15所示。

图 5-14　加入文字

图 5-15　底部投影

（8）添加背景，达到最终效果，如图5-16所示。

图 5-16　最终效果图

 **5.3**

金属外壳水晶图标

金属外壳水晶图标设计的最终效果如图 5-17 所示。

图 5-17　金属外壳水晶图标设计的最终效果

5.3.1　教学内容及目标　▼

教 学 内 容	目　　标
■金属效果编辑	■渐变编辑：径向渐变、灰白相间渐变
■图层样式的添加	■内阴影 ■外发光 ■斜面和浮雕 ■投影 ■渐变叠加
■环境光	■形状工具 ■滤镜球面化 ■图层蒙版应用 ■图层模式 ■图层透明度

5.3.2 分解任务与知识点对应表 ▼

分　解　任　务	对应知识点
■金属外壳	■灰白相间渐变、径向渐变 ■图层样式投影 ■描边
■水晶按钮主体	■建立正圆选区 ■建立图层，填充主体颜色 ■对图层应用样式
■水晶按钮环境光	■用选区工具创建基本形，并进行修改 ■滤镜球面化 ■图层蒙版 ■图层模式 ■图层透明度
■其他细节	■金属外壳的装饰，斜面和浮雕

5.3.3 操作步骤 ▼

分解任务一：金属外壳

（1）新建文件，800 像素 ×600 像素，分辨率 72 像素 / 英寸，命名为"金属外壳水晶图标"。

（2）建立椭圆选区，编辑灰白相间的径向渐变，新建图层，并填充，调整生成金属底盘效果，如图 5–18 所示。

（3）不取消选区的情况下，执行"选择 > 变换选区"命令，按【Shift+Alt】键，对选区进行中心收缩操作，收缩到适当大小，按【Enter】键，然后按【Delete】键删除选区内容，生成金属圆环效果，如图 5–19 所示。

图 5–18　金属底盘

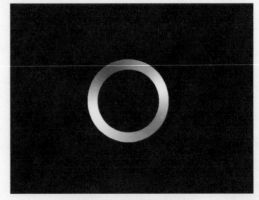

图 5–19　生成圆环效果

分解任务二：水晶按钮主体

（1）新建图层，在选区内填充蓝色，如图 5-20 所示。

图 5-20 生成蓝色圆

（2）为蓝色图层添加图层样式内发光，参数和效果如图 5-21 所示。

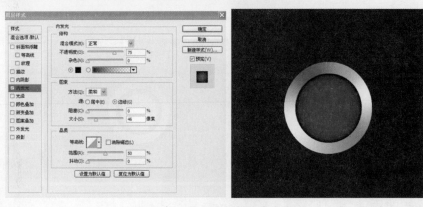

图 5-21 添加图层样式内发光

（3）为蓝色图层添加图层样式渐变叠加，参数和效果如图 5-22 所示。

（4）为蓝色图层添加图层样式描边，参数和效果如图 5-23 所示。

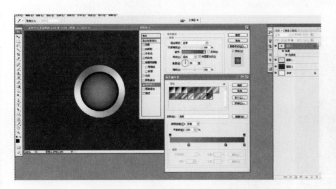

图 5-22 添加图层样式渐变叠加

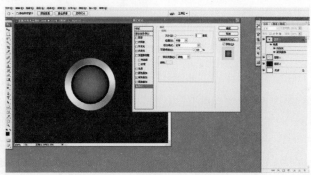

图 5-23 添加图层样式描边

（1）新建图层，用矩形选框工具绘制 4 个矩形，如图 5-24 所示。

（2）执行"滤镜 > 扭曲 > 球面化"命令，如图 5-25 所示。

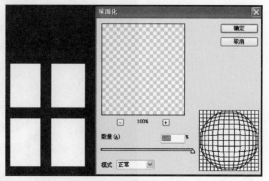

图 5-24　用矩形选框工具绘制矩形　　　　　　　图 5-25　执行相关命令

（3）按【Ctrl + T】组合键，将 4 个矩形调整到合适的大小和位置，其透明度设置为 10%，如图 5-26 所示。

（4）创建一个圆形选区，填充白色，如图 5-27 所示。

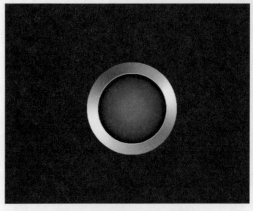

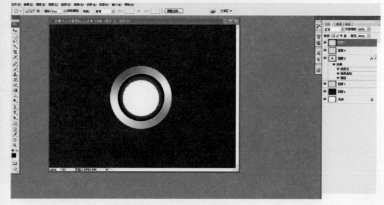

图 5-26　调整大小、位置　　　　　　　　　图 5-27　创建白色圆

（5）对白色圆图层应用图层蒙版，将前景色和背景色分别设为黑色和白色。选取线性渐变工具，从圆的底部拖向圆的中间偏上位置，这样圆的下半部就变成透明的了，其透明度设置为 10%，如图 5-28 所示。

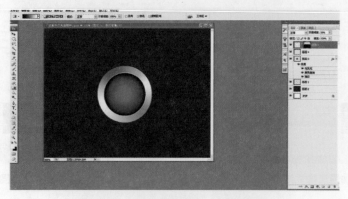

图 5-28　应用图层蒙版，设置透明度

（6）重复上一步，不过这次画的圆要比刚才画的那个圆稍微大一些，位置也要稍微偏下一些，其透明度设置为 15%，如图 5-29 所示。

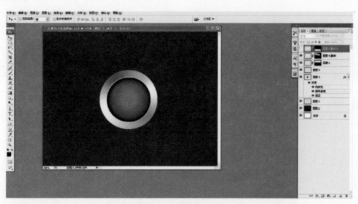

图 5-29　重复上一步

（7）复制上面的那个圆，执行"垂直翻转"命令，调整到合适位置，生成圆形环境光效果，如图 5-30 所示。

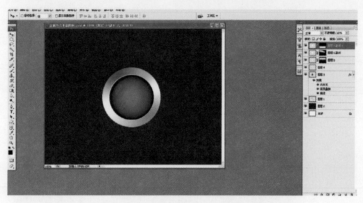

图 5-30　生成圆形环境光效果

>>> 分解任务四：其他细节

为金属效果添加阴影效果，添加"斜面和浮雕"图层样式，加上装饰，最终效果如图 5-31 所示。

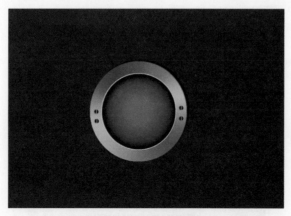

图 5-31　最终效果

5.4

自评互评表

评价项目		自　评	小　组　评	教　师　评
学习态度	1. 课堂纪律			
	2. 听课情况			
	3. 完成进度			
软件操作掌握情况	1. 掌握基本操作			
	2. 技巧的运用			
制作效果				
合作交流	1. 听取意见及建议			
	2. 采纳意见及建议			
合计				
自我总结				
总评		指导教师意见		
说明		评定等级: 优、良、合格、不合格。		

5.5

咖啡网页效果图

咖啡网页效果图如图 5-32 所示。

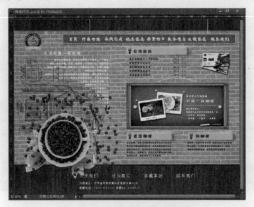

图 5-32　咖啡网页效果图

5.5.1 教学内容与目标 ▼

教 学 内 容	目 标
■构思网页版面	■提高网页版面设计能力
■素材的搜集	■找到合适素材
■制作网页效果图	■素材的有效整合

5.5.2 分解任务与知识点对应表 ▼

分 解 任 务	对应知识点
■构思网页版面	■网页版式设计技巧
■素材的搜集	■常用的素材网站
■制作网页效果图	■Photoshop 图像处理与融合

5.5.3 操作步骤 ▼

 分解任务一：构思网页版面

1. 网页版式编排设计的特征

1）静态版式编排

（1）模块化。

静态网页版式一般都会将内容模块化地分布于页面中，如同报纸的编排一样，犹如一个个的屏幕和窗口。从版式的整体而言，规则有序；从版式的局部而言，更加便于用户进行阅读，避免了版面中各个组成部分之间的相互干扰。模块式的运用在网页编排中算是最为常见的一种编排方式，不论如何编排都会在规定范围之内。以模块来划分区域，这种中规中矩的编排方式在官方网站中较为常见，如图 5-33 所示。

图 5-33 模块化的网页版式

（2）图像化。

人们生活在一个被图像信息所包围的环境中，图像可以很直观地让用户领会到网页的主题和内容，是网页的中心视觉元素。图像较于文字更加直接，而用户往往会更倾向于通过图像的强烈视觉冲击来解读内容。图版率往往是由图片的大小和占有的版面空间决定的。设计中，一个普遍的做法是通过调整图像大小来控制图版率和制造一定的视觉效果。图版率较高的网页版面如图 5-34 所示。除了单张图片的展示外，利用分组排列方法对多张图片进行编排，结合图片的距离和内容的切换，能够增强图片的视觉效果。

图像的作用在于娱乐大众，更多的是形式大于内容，通俗易懂，能够代替部分文字增强视觉效果，丰富整体页面，使其更具轻松感、娱乐感。

（3）单一化。

静态的网页界面受到计算机屏幕尺寸的限制，很难有更为广阔的展示空间，在有限的空间内要展现出最佳的效果，就需要设计者匠心独运地注重挖掘虚拟立体空间的纵深性。因此，静态的网页一定程度上不能满足用户所需的互动效果，同时不具有更多的趣味性，在如今网络媒体发达的现状下受众不是很多。

2）动态版式编排

动态版式相较于静态版式来说更为灵活多变，具有更多的视觉冲击点，为网页设计添加了无限的可能性。

（1）随意性。

自由、随意、不受限制是动态网页的特点，如图 5-35 所示，不受限制于太多的条条框框，网络页面不再是一种固定的状态，用户永远猜不到下一秒会出现怎样新奇的画面，这种变化来源于用户瞬时、随意的选择，而每个用户在与网络互动艺术的互动过程中又会产生各自不同的体验、感受与反馈，这就是每位用户体验到的网络互动艺术不同的原因。设计就是在这里发挥出了它特有的价值和意义。

图 5-34　图版率较高的网页版面　　　　　　　图 5-35　随意的版面图

（2）趣味性。

很多网站是为了宣传所载对象，现今没有什么比网络对信息的传播速度更加快速。从寻求设计资源的角度来说，我们更加容易被网页的画面视觉效果吸引，换言之，我们对具有美感、新鲜性、趣味性的东西更感兴趣，人永远是带有好奇心的，越是新奇越是想要探究。趣味性网站既传达了网页内的信息，又给人以轻松愉悦的感觉，相信任何人都不会拒绝这样的浏览方式。给网页营造更多趣味性是网页设计的重要内容。趣味性版面举例如

图 5-36 所示。

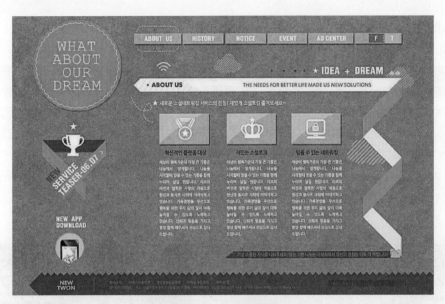

图 5-36 趣味性版面

（3）独特性。

想要吸引更多的用户群，达到理想的宣传效果，在众多网页中脱颖而出，独特的风格尤为重要。所谓风格就是一个网页所表现出的主要思想特点和艺术特点，不同的主题内容决定了不同的网页风格。版式是网页独特性的显现，它包括内容的色调、图文、导向等元素。网页要做到形式与风格的统一，需要设计者具有较好的审美意识和美术修养。独特的版式举例如图 5-37 所示。

图 5-37 独特的版式

2. 版式设计的视觉元素

1）网页中的文字

文字是传达信息的最基本元素，这里所说的文字设计不仅仅局限于信息的传递，且注重的是一种艺术表现。文字在整个网页设计中起着至关重要的作用，是用户解读网页信息的最直观的渠道，网页的视觉效果很大程度上取决于文字设计的优劣程度。优秀的网页文字设计不仅可以增强网页的传达效果，更能够引起用户心中的共鸣，使网页的审美价值得到最大幅度的提升。

文字，作为网页中必不可少的信息元素，需要考虑到它的整体效果，确保其可视性，给用户以清晰明了的视觉印象。在此基础上，根据信息的主题及内容，设计与其特性相吻合的字体风格，要求字体要独具个性且不失美感。

2）网页中的图像

如之前所说，图像的传达比文字更为直接，但这并非意味着语言或文字的表现力减弱了，而是说图像在视觉传达上起到辅助文字的作用，帮助理解，更可以丰富版面。图像能具体而直接地把我们的意念高素质、高境界地表现出来，使意念变成强有力的诉求性画面，充满了更强烈的创造性。图片是除文字以外最早引入网络的多媒体对象，网络可以图文并茂地向用户提供信息，成倍地加大了它所提供的信息量，而且图片的引入也大大美化了网络页面。可以说，要使网页在纯文本基础上变得更有趣味性和可看性，最佳捷径就是放入图片，对于这一点来说，图片对受众的吸引力也远远超过了单纯的文字。

图片的位置、大小、形式、方向等直接影响到网页的视觉传达，如图5-38所示，因此图片是版面编排的一部分，要求图片与文字的配合要达到图文并茂、相互补充的视觉版面关系，从而起到活跃人们视线、丰满整体画面的作用。

图 5-38 网页中的图像

3）网页中的色彩

色彩无疑是对网页设计锦上添花的一部分，如图5-39所示，它基本上决定了一个网页的基调和风格。通过选择一个主色调来确定整个页面的色彩倾向性，选择的主色调要体现和符合网站的主题性质。色彩能表达人的思想感情，它是任何版式最直接、最具影响力的因素，甚至是评价版式设计的重要因素。

在现代社会，色彩与人类有着不可分割的关系，从服装搭配到日用品，从家具到交通工具，从商品包装到媒体的传达设计，色彩完全融合在我们的世界里。色彩具有可读性，冷暖色调的不同也隐隐地在传递网页的信息。网页在一定意义上说也是一种艺术品，而其色彩可以产生强烈的视觉冲击。通常用户在浏览页面时，产生的第一印象就是页面的色彩效果，它的好坏直接影响用户的观赏兴趣，可谓十分重要。

图 5-39 网页中的色彩

3. 构思版面

咖啡网页和时下流行的美食类网页相似，具有现代而时尚的风格，配合颇为艺术化的细节处理，采用富有质感的古朴的砖墙背景。主图视觉效果突出，图片虽然多，但是视觉中心明确。

分解任务二：素材的搜集

国内的图片素材网站：昵图网、千图网、素材中国，等等。

下面介绍几个国外比较好的图片素材网站。

1.500px

500px 是全球最老牌的摄影分享社区，这里面汇聚了全球各种各样的优秀摄影师。我们基本上可以在这里面找到任何我们需要的图片，无论你是想找静态图片，还是合成图片。大部分人，一打开 500px 就马上根据关键词搜索所需要的图片。诚然，500px 的搜索功能非常重要，但是搜索其实真的只是最入门的玩法。毕竟 500px 是一个社区，如果我们找到一个合适的摄影师，应该毫不犹豫去关注他。所以，当我们尝试去使用 500px 的时候，第一步应该参与 500px 提供的口味测评，按照他们给出的结果去关注和筛选一些摄影师。

（1）看摄影师关注了哪些人，然后再去关注他们。

（2）看摄影师收集了哪些作品，然后再根据作品找到作者。

逐渐形成自己在 500px 里偏好的照片口味，然后按照你的口味去筛选照片，这才是我们应该在一个社区里存在的状态。

2. Google

Google 被公认为全球最大的搜索引擎，会收录各种各样的网页，所以其图片库毫无疑问是所有网站中最大的，但是图片的质量参差不齐，然而这不是问题，因为我们可以通过组合各种条件对图片进行筛选，直至筛选到我们觉得合适的图片。

Google 作为一个综合站点，其最强大的便是筛选功能。可以采用"尺寸筛选""整体颜色风格筛选"。

3. Wallhaven

Wallhaven 和上面推荐的两个网站的不同之处在于 Wallhaven 是以壁纸居多，所以在图片的整体选择上更加面向艺术性和设计感。

如果你输入的关键词能在这里找到图片的话，基本上就不需要进行任何筛选了，直接使用即可。

我们本项设计要查找的素材包括：咖啡杯、绿叶、咖啡豆、插画、砖墙、纹理板材等，如图 5-40 所示。可直接在百度中文搜索引擎上输入关键字进行图片搜索。图片不一定要完全一样，相似风格即可。

图 5-40　所需素材

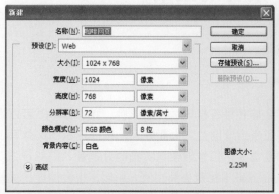

分解任务三：制作网页效果图

（1）打开 Photoshop，新建文档，命名为"咖啡网页"，预设下拉菜单中选择"Web"，单击"确定"按钮，如图 5-41 所示。

图 5-41 新建文档

（2）在 Photoshop 中打开砖墙素材，将素材拖入新建文档，利用【Ctrl+T】组合键调整大小。为了保证砖墙素材不变形，我们用矩形选框工具选择一部分砖墙素材进行复制、粘贴，调整位置，拼接两部分砖墙素材，使素材与文档一样大，如图 5-42 所示。

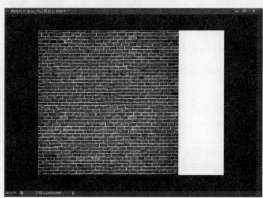

图 5-42 砖墙素材的拼接

（3）拼接好的砖墙素材中间有一条明显的"接缝"，我们可以采用工具箱中的橡皮擦工具去掉这个"接缝"。在文档内部单击鼠标右键，在弹出的对话框中设置硬度为 0，适当调整大小，然后在"接缝"处进行擦除，再用工具箱中的加深减淡工具进行适当修饰，如图 5-43 所示。

图 5-43 去掉"接缝"

（4）合并砖墙图层，将该图层的不透明度调整为 45%，如图 5-44 所示。

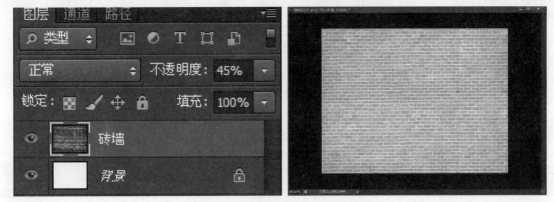

图 5-44　调整砖墙图层的不透明度

（5）打开板材素材，将板材素材处理成如图 5-45 所示的效果。为图层 1 设置图层样式投影，参数默认即可，栅格化图层样式；同理，为图层 2 设置图层样式投影，注意更改投影的方向。将图层 1 和图层 2 合并，修改名称为"板材"。效果如图 5-46 所示。

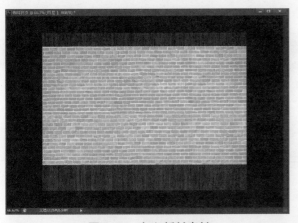

图 5-45　加入板材素材

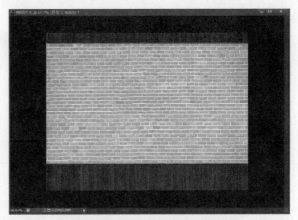

图 5-46　图层样式添加阴影效果

（6）将插画素材打开，拖放到"咖啡网页"文档中，单击图层面板中的"图层样式"按钮，选择"混合选项"，将"混合颜色带"中"本图层"右侧的滑块向左侧滑动，以此去除图片背景中的白色，如图 5-47 所示。

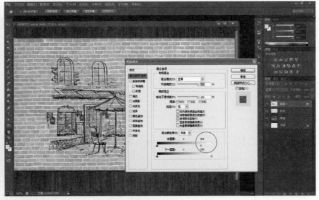

图 5-47　去除白色背景

（7）按【Ctrl+U】组合键将颜色调整为咖啡色，与背景颜色属同一色系，将图层的不透明度降低，适当与背景融合。将咖啡 Logo 素材打开，拖动到"咖啡网页"文档中，调整到适当大小，摆放到合适位置，如图 5-48 所示。

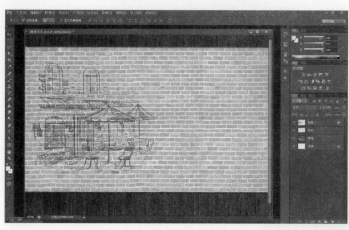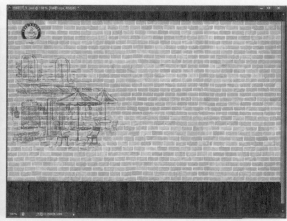

图 5-48　插画素材与背景融合，添加 Logo

（8）新建图层，命名为"导航"，用矩形选框工具创建矩形区域，填充咖啡色，依次设置图层样式阴影、描边，调整图层的不透明度，效果如图 5-49 所示。

（9）用矩形选框工具画 2 像素宽的矩形，作为页面上方的装饰线条，在矩形导航区域输入导航文字，效果如图 5-50 所示。

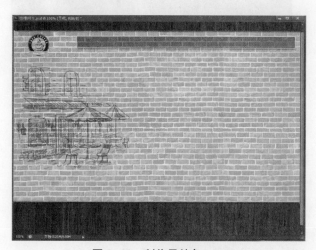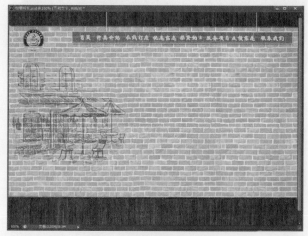

图 5-49　制作导航条　　　　　　　　　　　　　　　　　图 5-50　导航条最终效果

（10）加入图片素材，如图 5-51 所示。

图 5-51　加入图片素材

（11）创建矩形选区，填充颜色，在滤镜菜单下将滤镜库打开，添加纹理，编辑参数。按【Ctrl+T】组合键，鼠标右键单击"变形"按钮，调整变形。在新建选区下方创建图层，制作阴影效果，如图 5-52 所示。

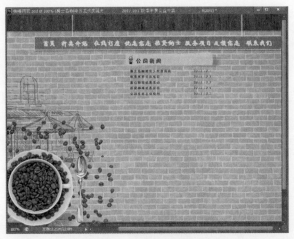

图 5-52　公司新闻背景条

（12）继续添加其他素材，效果如图 5-53 所示。

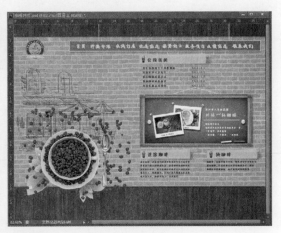

图 5-53　添加其他素材

（13）最后进行细节处理，如图 5-54 所示。

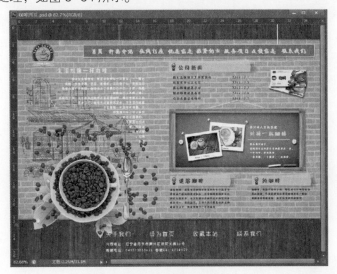

图 5-54　最终效果

5.6
自评互评表

评价项目		自　评	小　组　评	教　师　评
网页布局美观				
色彩搭配美观				
细节处理好				
文字美观				
整体风格突出				
合作交流	1. 听取意见及建议			
	2. 采纳意见及建议			
合计				
自我总结				
总评		指导教师意见		
说明		评定等级：优、良、合格、不合格。		

REFERENCE TOPICS LIST
参考课题列表

课题名称	课题内容	设计要求
海报设计	为自选电影设计一幅宣传海报	规格：297mm×210mm。设计要求：主题鲜明，表现电影的体裁
	以辽宁机电职业技术学院的"校际音乐节"或"校庆"为主题	规格：297mm×210mm。设计要求：主题鲜明，体现音乐的韵律感、音乐节的包容性和时代气息
包装设计	女士化妆品包装设计	规格：80mm×150mm。设计要求：在包装设计中强调女性化，表现出健康和美丽。让消费者能从外包装看出产品的使用对象
	以"天籁之音"为主题进行CD封面设计，CD中收录了一些古典名曲	规格：117mm×117mm。设计要求：在设计风格上要体现出中国古典音乐的韵味，同时要体现出"天籁"的空灵感
商业广告设计	以"浪漫花语"为主题设计一张明信片	规格：183mm×100mm。设计要求：体现温馨浪漫的感觉，给人带来温馨的暖意和浪漫的感受。整体采用温馨的暖色调
	做一张茶楼的宣传折页	规格：210mm×297mm。设计要求：4折页，正反两面。要求突出茶楼的文化气息，视觉感强烈，引人注目
封面设计	为一本专业书籍或杂志设计一个出版封面	规格：297mm×210mm。设计要求：主题明确，形式与内容密切结合，造型突出，色彩搭配合理
自由创作	自由创作一幅作品，主题自定	规格：297mm×210mm。设计要求：主题鲜明，内容健康向上，视觉感强烈，引人注目

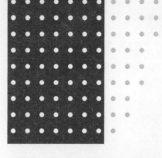

A SHORTCUT
快捷方式查看表

PS 快捷键是 Photoshop 为了提高绘图速度定义的快捷方式，它用一个或几个简单的字母来代替常用的命令。多种命令共用一个快捷键时，可按此快捷键查看键盘所有快捷键：【Ctrl+Alt+Shift+K】，如下图所示：

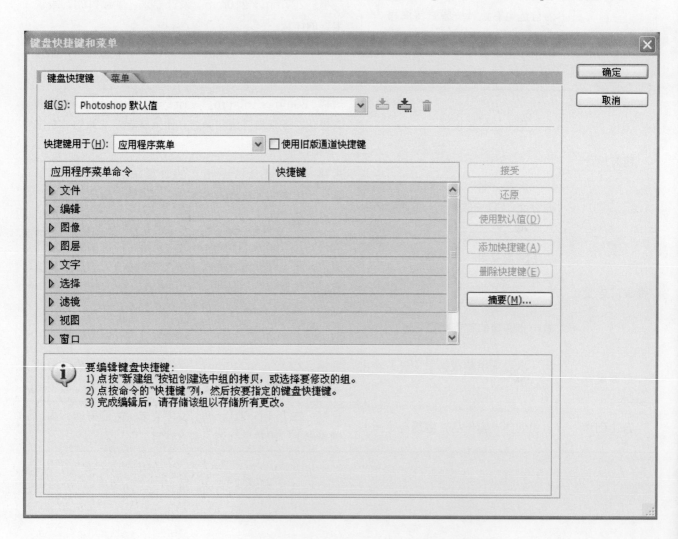

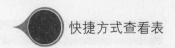

工具使用快捷键

矩形、椭圆选框工具:【M】	画笔修复、修补工具:【J】
套索、多边形套索、磁性套索工具:【L】	移动工具:【V】
橡皮擦工具:【E】	历史记录画笔工具:【Y】
裁剪工具:【C】	魔棒工具组:【W】
仿制图章、图案图章:【S】	旋转视图工具组:【R】
画笔工具:【B】	直接选取工具:【A】
铅笔、直线工具:【N】	减淡、加深、海绵工具:【O】
吸管、颜色取样器:【I】	钢笔、自由钢笔、磁性钢笔工具:【P】
油漆桶工具:【G】	度量工具:【U】
径向渐变、度渐变、菱形渐变:【G】	文字、直排文字、直排文字蒙版工具:【T】
默认前景色和背景色:【D】	抓手工具:【H】
抓手工具:【空格】	缩放工具:【Z】
切换前景色和背景色:【X】	工具选项面板:【Tab】
临时使用移动工具:【Ctrl】	切换标准模式和快速蒙版模式:【Q】
裁剪工具:【C】	缩小画笔:【[】
增大画笔:【]】	移动图层至下一层:【Ctrl】+【[】
移动图层至上一层:【Ctrl】+【]】	图层置顶:【Ctrl】+【Shift】+【]】
图层置底:【Ctrl】+【Shift】+【[】	全屏模式:连续按两下【F】
带菜单栏全屏模式:【F】	临时使用吸色工具:【Alt】

文件操作快捷键

新建图形文件:【Ctrl】+【N】	默认设置创建新文件:【Ctrl】+【Alt】+【N】
打开已有的图像:【Ctrl】+【O】	打开为:【Ctrl】+【Alt】+【O】
新建图层:【Ctrl】+【Shift】+【N】	另存为:【Ctrl】+【Shift】+【S】
关闭当前图像:【Ctrl】+【W】	保存当前图像:【Ctrl】+【S】
存储副本:【Ctrl】+【Alt】+【S】	页面设置:【Ctrl】+【Shift】+【P】
应用当前所选效果并使参数可调:【A】	设置透明区域与色域:【Ctrl】+【4】

打开预置对话框：【Ctrl】+【K】	打印：【Ctrl】+【P】
文档 100% 显示：【Ctrl】+【1】	通道选择：【Ctrl+1】、【Ctrl+2】、【Ctrl+3】

图像调整快捷键

自由变换：【Ctrl】+【T】	再次变换：【Ctrl】+【Shift】+【Alt】+【T】
图像大小：【Ctrl】+【Alt】+【I】	色阶：【Ctrl】+【L】
画布大小：【Ctrl】+【Alt】+【C】	色相/饱和度：【Ctrl】+【U】
曲线：【Ctrl】+【M】	黑白：【Alt】+【Shift】+【Ctrl】+【B】
去色：【Shift】+【Ctrl】+【U】	反相：【Ctrl】+【I】
色彩平衡：【Ctrl】+【B】	

编辑文字快捷键

移动图像的文字：【Ctrl】+ 选中文字	选择文字时显示/隐藏：【Ctrl】+【H】
选择从插入点到鼠标点的文字：【↑】+ 点击鼠标	使用/不使用下划线：【↑】+【Ctrl】+【U】
使用/不使用中间线：【↑】+【Ctrl】+【/】	使用/不使用大写英文：【↑】+【Ctrl】+【K】
使用/不使用 Caps：【↑】+【Ctrl】+【H】	

图层操作快捷键

正常：【Shift】+【Alt】+【N】	正片叠底：【Shift】+【Alt】+【M】
循环选择混合模式：【Shift】+【-】或【+】	溶解：【Shift】+【Alt】+【I】
颜色减淡：【Shift】+【Alt】+【D】	阈值（位图模式）：【Shift】+【Alt】+【L】
背后：【Shift】+【Alt】+【Q】	颜色加深：【Shift】+【Alt】+【B】
强行关闭当前话框：【Ctrl】+【Alt】+【W】	清除：【Shift】+【Alt】+【R】
饱和度：【Shift】+【Alt】+【T】	无限返回上一步：【Ctrl】+【Alt】+【Z】
屏幕：【Shift】+【Alt】+【S】	重新选择：【Ctrl】+【Shift】+【D】
修改字距：【Alt】+【←】或【→】	叠加：【Shift】+【Alt】+【O】
变亮：【Shift】+【Alt】+【G】	修改行距：【Alt】+【↑】或【↓】
柔光：【Shift】+【Alt】+【F】	差值：【Shift】+【Alt】+【E】
粘贴：【Ctrl】+【Alt】+【V】	强光：【Shift】+【Alt】+【H】

排除：【Shift】+【Alt】+【X】	全部选取：【Ctrl】+【A】
变暗：【Shift】+【Alt】+【K】	色相：【Shift】+【Alt】+【U】
路径变选区：【Enter】（数字键盘的）	变亮：【Shift】+【Alt】+【G】
颜色：【Shift】+【Alt】+【C】	羽化选择：【Ctrl】+【Alt】+【D】
光度：【Shift】+【Alt】+【Y】	复制当前图层：【Ctrl】+【J】
载入选区：【Ctrl】+单击图层、路径	取消选择：【Ctrl】+【D】
反向选择：【Ctrl】+【Shift】+【I】	

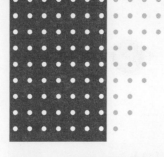

MATERIAL SITES
设计师必看的几个素材网站

网站名称：站酷（ZCOOL）

网站网址：http://www.zcool.com.cn

推荐指数：★★★★★

网站介绍：诞生于 2006 年 8 月的站酷网站，以"为设计师及爱好者提供最便捷、最贴心的服务"为宗旨，是一个以"设计师"为中心，服务于创意产业、创意人才的"设计师互动平台"。分享最新最实用的素材资源，推荐会员设计师的优秀设计作品，提供设计探讨、技法交流的学习氛围。建站以来，内容不断充实，产品不断增加。现在，站酷已成为设计师喜爱的设计站点之一。

网站简评：专业完美的素材下载与设计分享网站，提供矢量素材、PSD 分层素材、图标素材、高清图片、原创作品等内容。前沿时尚的设计风格，日韩欧美的设计素材应有尽有。站酷网站简洁美观，视觉冲击力强，广告排列整齐有序，设计师倾力推荐。

网站名称：**素材中国**

网站网址：http://www.sccnn.com

推荐指数：★ ★ ★ ★ ☆

网站介绍：**专业的素材下载网站。**

网站简评：提供各类设计素材的收集下载服务，包括图片、素材、壁纸、网页素材、动画素材、矢量图、PSD 分层素材、3D、字体、教材、图标，等等。素材中国收集了很多商业广告的源文件（PSD/CDR/AI），部分资源需要收取一定费用（点数）。不足的是，文件下载页面的广告太多，造使版面凌乱，用户体验差（素材中国为个人站点，站长可能很注重挂靠联盟广告）。另外，只支持迅雷下载、快车下载，考虑不是很周全，大概也是因为加入了迅雷联盟和快车联盟的缘故。另外，专业搜索功能放在不起眼的位置，导航下面取而代之的是谷歌联盟的广告。

网站名称：**站长素材**

网站网址：http://sc.chinaz.com

推荐指数：★ ★ ★ ★ ☆

网站介绍：中国站长站旗下素材下载网站。

网站简评：提供各类设计素材，包括图片、网页模板、图标、酷站欣赏、QQ 表情、矢量素材、PSD 分层素材、音效、桌面壁纸、网页素材，等等。资源丰富，更新及时，专题素材下载也是它的特色。作为中国站长站旗下的素材网站，其知名度自然是毋庸置疑的。网站的广告也不是太多，排列整齐，用户体验度较好。

网站名称： 昵图网

网站网址： http://www.nipic.com

推荐指数： ★★★★☆

网站介绍： 以"共享创造价值"为口号，专业的素材设计共享平台。

网站简评： 提供各类素材，包括图库、图片、摄影、设计、矢量、PSD、AI、CDR、EPS、图片、共享图库，等等。昵图网的页面简洁经典，是大部分设计师下载素材的首选网站。因为昵图网是资源共享交易平台，这里的素材都需要共享分或昵币，经典的设计素材还需要充值购买。

网站名称： 创意素材库

网站网址： http://sc.52design.com

推荐指数： ★★★★☆

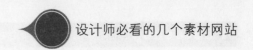

网站介绍： 创意素材库是 52DESIGN 旗下的设计资源网站，提供在线免费设计素材资源下载服务。

网站简评： 资源丰富，种类繁多，没有提供资源搜索功能，使用起来不太方便。提供网页模板、Flash 源码、矢量素材、PSD 素材、透明 Flash 资源、字体、PS 笔刷、网页背景、音效素材、脚本特效，等等。

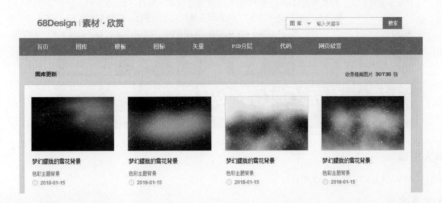

网站名称： 素材·欣赏

网站网址： http://sc.68design.net

推荐指数： ★★★★☆

网站介绍： 网页设计师联盟旗下的设计资源网站，提供大量网页模板与高清晰度网页设计素材。

网站简评： 网站简洁清爽，广告很少，这里的网页设计素材是很不错的。当然，还提供图库壁纸、特色图标、矢量素材、代码素材、PSD 分层素材，等等。

网站名称： 沃格斯克网

网站网址： http://www.orgsc.com

推荐指数： ★★★★☆

网站介绍： 致力于中国设计事业的素材资源平台，号称"中国设计师、中国站长必上的网站"。

网站简评： 内容非常丰富，广告也是。专于网页设计素材，提供设计素材、Flash 源文件、PSD 源文件等资源的下载服务，非常适合网页设计师。

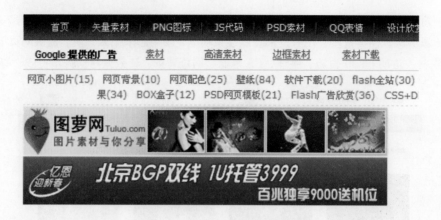

网站名称： 懒人图库

网站网址： http://www.lanrentuku.com

推荐指数： ★★★★☆

网站介绍： 懒人图库自建站以来，一直致力于网页素材的提供，目标是做成国内最大的网页素材下载站。其口号为：学会偷懒，并懒出境界是提高工作效率最有效的方法！

网站简评： 专注于提供网页素材下载服务，其内容涵盖网页素材、矢量素材、JS广告代码、小图片、网页背景、导航菜单、PNG图标，等等。懒人图库深得人心，做到了"让任何一个网页设计师都能轻松找到自己想要的素材"。

网站名称： 下吧

网站网址： http://down.chinavisual.com

推荐指数： ★★★☆☆

网站介绍： 由视觉中国资深编辑精心挑选国内外优秀设计素材，包括矢量、ICON、壁纸、PSD、电子刊物、图案、字体、三维场景、材质贴图、主题等多个素材门类，为用户提供高质量的素材资料。

网站简评： 清爽、时尚是网站的特色，需要登录后才能下载素材资料，有的素材资料下载时需要积分。

网站名称：猪八戒学院

网站网址：http://xy.zhubajie.com

推荐指数：★★★☆☆

网站介绍：猪八戒网旗下的素材分享网站，致力于提供全面、专业的教程，丰富、优质的素材。

网站简评：资源丰富，其他素材网站所没有的，这里都有，值得收藏。提供矢量、作品欣赏、酷站、图片、图标、桌面、PSD 源文件、代码、Flash 源文件、背景、字体、颜色，等等。

网站名称：红动中国

网站网址：http://sucai.redocn.com

推荐指数：★★★☆☆

网站介绍：设计素材下载网站，为中国设计师做设计找素材带来极大便利。

网站简评：提供 PSD 分层素材、设计图片、摄影图片、设计字体、原创设计作品欣赏，等等。共享资源不是很多，需要资源币才能下载。

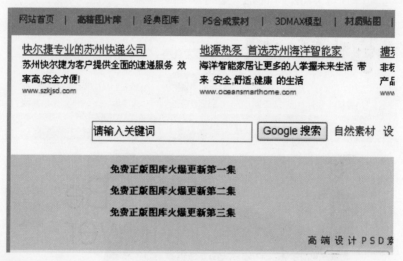

网站名称： 素材世界

网站网址： http://www.sssccc.net

推荐指数： ★ ★ ★ ☆ ☆

网站介绍： 素材世界正式建立于 2006 年 1 月，是一个以提供各种精品素材、精品教程等设计相关内容为主的专业素材网站。

网站简评： 以高精度图库、PSD 分层图库为主，PSD 素材资源绝对比其他任何素材网站丰富。只是网站过于简洁，首页几乎没什么图片，全是文字，也不支持资源搜索，用户体验度非常不好。

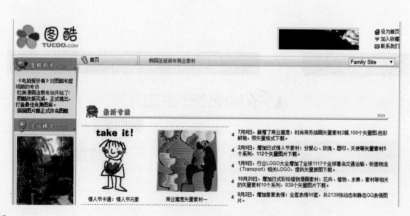

网站名称： 图酷

网站网址： http://www.tucoo.com

推荐指数： ★ ★ ☆ ☆ ☆

网站介绍： 国内较早的专业素材网站之一，设计师的随身图库，包括：设计素材、插画、卡通、CG、矢量、时尚、图案、网页素材等，是一个全方位素材图片库。

网站简评： 网站页面依旧是早期的经典风格，但是广告太多太乱，容易与导航混淆，且网站无资源搜索功能，取而代之的是谷歌联盟的广告（搜索广告），用户体验度急需改善。

网站名称：三联

网站网址：http://www.3lian.com

推荐指数： ★★☆☆☆

网站介绍：三联素材网创建于 2004 年 10 月，是一个以提供经典设计素材为主的资源网，站点包括矢量图、PSD 分层素材、高清图片、Flash 源文件、PNG 图标、3D 模型、模板、酷站、壁纸、字体、教程等。

网站简评：网站整洁，分类详细，广告较少，整体感觉不错，如果有资源搜索功能就更好了。

网站名称：E 库素材

网站网址：http://www.iecool.com

推荐指数： ★★☆☆☆

网站介绍：E 库素材网是为广大网页设计制作爱好者、平面设计制作爱好者及其他人员提供各种素材的资源库。网站有图片素材、矢量图库、高精图库、网页素材、网页模板、壁纸、明星、下载中心、技术教程、E 库论坛、IT 资讯等多个栏目。拥有素材图片、高精度图片、PSD 源文件、Flash 源文件、网页图标、网页模板、源码、技术教程、软件、字体等资源。图片素材栏目具有数量多、分类细、质量高等特点，高精图库是 2006 年 E 库与素材站合力推出的平面设计专用高精度图片栏目，具有高像素（高清晰）、高分辨率、免费和大容量等特点。

网站简评：老牌素材资源网站，其矢量图库栏目也是设计师常关注的栏目。目前网站已经很少更新了，都是早期 2007 年前的经典素材，还是值得推荐的。

网站名称：素材精品屋

网站网址：http://www.sucaiw.com

推荐指数：★★☆☆☆

网站介绍：提供精美佳图、数码设计、桌面壁纸、PSD 分层文件、矢量素材、网站模板、酷站欣赏、标志图标、动画表情、字体等下载服务。

网站简评：绿色界面，清新爽朗，几乎没什么广告，用户体验度不错。

网站名称：素材天下

网站网址：http://www.sucaitianxia.com

推荐指数：★★☆☆☆

网站介绍：专业的图片素材下载网站。

网站简评：素材丰富，但网站美工一般，且有广告，严重影响用户体验。

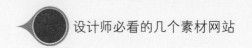

素材艺库

🔍 | 不限分类 ▼ 搜索

TOP 排行榜 ｜ 网站地图 ｜ TAG标签列表

| 首页 | 精品图库 | 矢量图库 | 摄影图库 | 专题图库 | 模板素材 | 图标素材 | WEB2.0 | PS | 3D | PPT | FLASH | 分享 | 更多 |

iphone　ipad　欧美　手机　UI界面　生活元素　快递　中国风　创客　图表　相册　影楼　FLASH　旅游　微博　PSD图标　VI

logo　PPT图表　韩国模板　淘宝　产品　鸡年　名片　地产　包装　墨迹　招聘　化妆品　扁平　POP　特效　商务　人物插画

最新公告　　更多

素材艺库免责声明！

新版艺库分享 WEB2.0上线

1 2 3

免费注册
注册后快速下载

立刻登录
无广告快速浏览

本站资源均是网上搜集或网友上传提供，
任何涉及商业盈利目的均不得使用.

新手指南　　更多

📢 宣传推广赚下载金币

📷 站内收藏夹方便记录所需

🗂 常用打开源文件设计软件

📤 发布分享素材赚金币提成

👤 客服在线支持下载更放心

服务器状况 电信1线[繁忙] 电信2线[畅通] 网通3线[空闲]　　每日更新记录

设计导航

可爱的怪物图标

矢量人物、花纹、汽车素材

CorelDRAWX3设计与制作深度剖析

Photoshop CS4 特效与创意专家解

FLASHCS4标准教程

时尚花卉设计素材

推荐栏目　　1 / 2 ◁▷

UI界面　网店装修　韩国元素　设计密码

墨迹墨染　特效代码　光盘设计　名片大全

网站名称： 素材艺库

网站网址： http://www.ekoooo.com

推荐指数： ★ ★ ☆ ☆ ☆

网站介绍： 诞生于 2007 年 11 月，以分享多元化的素材为宗旨。素材内容涉及设计类、办公类、美术类等基于计算机的数字影像和数字艺术领域。

网站简评： 网页简洁美观，需要金币才能下载资源。